中国科协碳达峰碳中和系列丛书

水风光多能互补
导论

唐洪武 ◎ 主编
吴峰 许昌 郑源 ◎ 执行主编

中国科学技术出版社
·北京·

图书在版编目（CIP）数据

水风光多能互补导论 / 唐洪武主编；吴峰，许昌，郑源执行主编 . -- 北京：中国科学技术出版社，2023.11

（中国科协碳达峰碳中和系列丛书）

ISBN 978-7-5236-0288-1

Ⅰ.①水… Ⅱ.①唐… ②吴… ③许… ④郑… Ⅲ.①水电资源 – 资源开发 – 中国　Ⅳ.① TV7

中国国家版本馆 CIP 数据核字（2023）第 197721 号

策　　划	刘兴平　秦德继
责任编辑	彭慧元
封面设计	北京潜龙
正文设计	中文天地
责任校对	焦　宁
责任印制	李晓霖

出　　版	中国科学技术出版社
发　　行	中国科学技术出版社有限公司发行部
地　　址	北京市海淀区中关村南大街 16 号
邮　　编	100081
发行电话	010-62173865
传　　真	010-62173081
网　　址	http://www.cspbooks.com.cn

开　　本	787mm×1092mm　1/16
字　　数	230 千字
印　　张	11
版　　次	2023 年 11 月第 1 版
印　　次	2023 年 11 月第 1 次印刷
印　　刷	北京长宁印刷有限公司
书　　号	ISBN 978-7-5236-0288-1/TV·88
定　　价	69.00 元

（凡购买本社图书，如有缺页、倒页、脱页者，本社发行部负责调换）

"中国科协碳达峰碳中和系列丛书"
编委会

主任委员

张玉卓　　中国工程院院士，国务院国资委党委书记、主任

委　　员（按姓氏笔画排序）

王金南　　中国工程院院士，生态环境部环境规划院院长

王秋良　　中国科学院院士，中国科学院电工研究所研究员

史玉波　　中国能源研究会理事长，教授级高级工程师

刘　峰　　中国煤炭学会理事长，教授级高级工程师

刘正东　　中国工程院院士，中国钢研科技集团有限公司副总工程师

江　亿　　中国工程院院士，清华大学建筑学院教授

杜祥琬　　中国工程院院士，中国工程院原副院长，中国工程物理研究院研究员、高级科学顾问

张　野　　中国水力发电工程学会理事长，教授级高级工程师

张守攻　　中国工程院院士，中国林业科学研究院原院长

舒印彪　　中国工程院院士，中国电机工程学会理事长，第 36 届国际电工委员会主席

谢建新　　中国工程院院士，北京科技大学教授，中国材料研究学会常务副理事长

戴厚良　　中国工程院院士，中国石油天然气集团有限公司董事长、党组书记，中国化工学会理事长

《水风光多能互补导论》
编写组

组　　长
张　野　中国水力发电工程学会理事长

成　　员（按姓氏笔画排序）
于　崧　黄河上游水电开发有限责任公司总经理
王　浩　中国工程院院士，中国水利水电科学研究院教授级工程师
孙　卫　华能澜沧江水电股份有限公司董事长
张宗亮　中国工程院院士，中国电建集团昆明勘测设计院副总经理
李文伟　长江三峡集团公司科技部主任
祁宁春　雅砻江水电开发有限公司董事长
周建平　中国电力建设集团公司总工程师
郑声安　中国水力发电工程学会常务副理事长兼秘书长
冯树荣　全国工程勘察设计大师，中国电建集团中南勘测设计研究院有限公司原董事长
赵增海　水电水利规划总院副院长
胡海舰　国家电网公司四川省电力公司总经理
唐洪武　中国工程院院士，河海大学党委书记
谢小平　国家电力投资集团公司专家委员会委员
董　昱　国家电网公司调度中心书记
裴哲义　国家电网公司调度中心原副总工程师

写作组主要成员（按姓氏笔画排序）

马晓伟	王立涛	王俊钗	史林军	朱方亮	刘从柱	刘建雄
许　昌	孙玉泰	孙　奥	李书明	李　江	李红刚	李　杨
杨永江	肖　钦	吴　峰	何永君	余　意	张小奇	张子沛
张丹庆	张　琦	陈　文	陈　刚	苗沐露	金吉良	周　永
周铁柱	郑　源	宗　琦	赵　越	赵　鑫	姜　海	宦兴胜
秦　潇	顾建伟	高　洁	郭　苏	唐凯婧	黄显峰	曹园园
曹林宁	曹　辉	韩晓言	曾诚玉	雷定演	阚　阚	潘　虹
魏赏赏

总 序

中国政府矢志不渝地坚持创新驱动、生态优先、绿色低碳的发展导向。2020年9月，习近平主席在第七十五届联合国大会上郑重宣布，中国"二氧化碳排放力争于2030年前达到峰值，努力争取2060年前实现碳中和"。2022年10月，党的二十大报告在全面建成社会主义现代化强国"两步走"目标中明确提出，到2035年，要广泛形成绿色生产生活方式，碳排放达峰后稳中有降，生态环境根本好转，美丽中国目标基本实现。这是中国高质量发展的内在要求，也是中国对国际社会的庄严承诺。

"双碳"战略是以习近平同志为核心的党中央统筹国内国际两个大局作出的重大决策，是我国加快发展方式绿色转型、促进人与自然和谐共生的需要，是破解资源环境约束、实现可持续发展的需要，是顺应技术进步趋势、推动经济结构转型升级的需要，也是主动担当大国责任、推动构建人类命运共同体的需要。"双碳"战略事关全局、内涵丰富，必将引发一场广泛而深刻的经济社会系统性变革。

2022年3月，国家发布《氢能产业发展中长期规划（2021—2035年）》，确立了氢能作为未来国家能源体系组成部分的战略定位，为氢能在交通、电力、工业、储能等领域的规模化综合应用明确了方向。氢能和电力在众多一次能源转化、传输与融合交互中的能源载体作用日益强化，以汽车、轨道交通为代表的交通领域正在加速电动化、智能化、低碳化融合发展的进程，石化、冶金、建筑、制冷等传统行业逐步加快绿色转型步伐，国际主要经济体更加重视减碳政策制定和碳汇市场培育。

为全面落实"双碳"战略的有关部署，充分发挥科协系统的人才、组织优势，助力相关学科建设和人才培养，服务经济社会高质量发展，中国科协组织相关全国学会，组建了由各行业、各领域院士专家参与的编委会，以及由相关领域一线科研教育专家和编辑出版工作者组成的编写团队，编撰"双碳"系列丛书。

丛书将服务于高等院校教师和相关领域科技工作者教育培训,并为"双碳"战略的政策制定、科技创新和产业发展提供参考。

"双碳"系列丛书内容涵盖了全球气候变化、能源、交通、钢铁与有色金属、石化与化工、建筑建材、碳汇与碳中和等多个科技领域和产业门类,对实现"双碳"目标的技术创新和产业应用进行了系统介绍,分析了各行业面临的重大任务和严峻挑战,设计了实现"双碳"目标的战略路径和技术路线,展望了关键技术的发展趋势和应用前景,并提出了相应政策建议。丛书充分展示了各领域关于"双碳"研究的最新成果和前沿进展,凝结了院士专家和广大科技工作者的智慧,具有较高的战略性、前瞻性、权威性、系统性、学术性和科普性。

2022年5月,中国科协推出首批3本图书,得到社会广泛认可。本次又推出第二批共13本图书,分别邀请知名院士专家担任主编,由相关全国学会和单位牵头组织编写,系统总结了相关领域的创新、探索和实践,呼应了"双碳"战略要求。参与编写的各位院士专家以科学家一以贯之的严谨治学之风,深入研究落实"双碳"目标实现过程中面临的新形势与新挑战,客观分析不同技术观点与技术路线。在此,衷心感谢为图书组织编撰工作作出贡献的院士专家、科研人员和编辑工作者。

期待"双碳"系列丛书的编撰、发布和应用,能够助力"双碳"人才培养,引领广大科技工作者协力推动绿色低碳重大科技创新和推广应用,为实施人才强国战略、实现"双碳"目标、全面建设社会主义现代化国家作出贡献。

中国科协主席　万　钢
2023 年 5 月

前　言

我国力争于 2030 年前实现碳达峰、2060 年前实现碳中和，是贯彻新发展理念、构建新发展格局、推动高质量发展的内在要求，是党中央统筹国内国际两个大局做出的重大战略决策，是实现中华民族永续发展、构建人类命运共同体的必然选择。

我国从国情出发，利用水、风、光等资源优势和水电、风电、太阳能发电、特高压等产业技术优势，发挥举国体制的制度优势，传承中华文明大一统思想，通过水风光多能互补开发，构建源网荷储协同发展的新型能源体系是实现碳中和目标、建设生态文明的必由之路。

风电、光伏发电由于其随机性、波动性、间歇性的特点，大规模接入电网后将给电力系统安全稳定运行带来挑战。近年来，由于"极热无风""夜晚无光""冬季枯水"等可再生能源发电的天然属性，给能源电力保供带来压力。因此，清洁可再生的"水风光"多能互补开发是保障能源可靠供给的有效方式。

由于我国能源资源与负荷需求逆向分布，有必要在全国范围内实现自西向东、自北向南的大规模、远距离能源调配。根据总体规划，统筹推进水风光综合基地开发，一方面依托西南水电基地，推进川滇黔桂、藏东南水风光综合基地开发建设，另一方面推进西部、北部以沙漠、戈壁、荒漠地区为重点的大型风电、太阳能发电基地开发建设，通过常规水电、抽水蓄能电站、光热发电项目等调节电源配合间歇性新能源，多措并举实现水风光打捆、可再生能源高效消纳。

水风光多能互补开发将大幅带动流域区域内风光资源开发利用，弥补新能源发电保证出力不足。光伏发电具有昼发夜停的特点，风力发电出力随机性强并呈现反调峰特点，通过水电调节平抑风电光伏发电的随机波动，将风光发电富余电量转移到负荷高峰时段，提高供电质量和保障安全。

水风光多能互补基地化开发模式秉承了传统水电基地集约化开发的优势，是对电源侧资源配置的进一步优化，从服务内需系统方面，进行电源优化组合，友好并网；从服务外送消纳方面，可形成"风光+水电（含抽水蓄能）调节+特高压外送"模式，最大限度地提高外送通道的新能源和可再生能源占比，甚至可实现100%可再生能源输电。水风光多能互补有利于充分发挥水电的储能调节作用，有效规避煤电可能面临的成本高企难控和减排降碳压力，符合能源安全和绿色发展的战略，是实现双碳目标的必然选择。

为全面落实党中央、国务院关于"双碳"战略的有关部署，充分发挥水电（含抽水蓄能）在能源转型中的基础性作用，中国水力发电工程学会依托行业、人才、组织优势，通过组织水风光多能互补开发研讨会、高级研修班、清洁能源基地研究等活动，推动水风光电力优势互补发展。按照中国科协的部署，自2022年5月开始，着手组织编写"双碳"系列丛书，服务国家发展战略，推动加快实现"双碳"目标，助力"双碳"人才培养，探索"双碳"实施路径。

全书共分8章。第1章介绍水风光多能互补概述与发展历程，第2章介绍水风光资源特性与评估，第3章介绍水风光多能互补特性与开发模式，第4章介绍水风光多能互补规划，第5章介绍水风光多能互补系统调度运行，第6章介绍风光抽蓄（储）互补调度运行，第7章介绍水风光多能互补开发政策，第8章介绍水风光多能互补典型案例。

本书主编为中国工程院院士、河海大学党委书记唐洪武，执行主编为河海大学教授吴峰、许昌和郑源，本书编写依托河海大学水风光电力完备的学科体系、人才优势，结合教学和人才培养方向等，同时参考了中国水力发电工程学会完成的《应对气候变化的清洁能源发展现状综述》《水电发展热点综述》以及2021年《面向未来的科技》中的"如何利用风光水加快实现'碳中和'目标"等文献。第1章由河海大学吴峰、郑源、许昌、黄显峰、郭苏、阚阚等编写；第2章由河海大学许昌、黄显峰、郭苏、魏赏赏等编写；第3章由河海大学郭苏、郑源、李杨等编写；第4章由水电水利规划设计总院高洁、张子沛、赵越、顾建伟，河海大学黄显峰、郭苏、许昌、魏赏赏等编写；第5章由国家电网公司裴哲义，河海大学吴峰、潘虹、李杨、黄显峰、史林军、曹林宁等编写；第6章由河海大学李杨、阚阚、吴峰等编写；第7章由水电水利规划设计总院高洁、张子沛等编写；第8章由河海大学许昌，雅砻江水电开发有限公司周永，黄河上游水电开发有限责任公司孙玉泰、华能澜沧江水电股份有限公司李江、国家电网公司四川省电力公司韩晓言、陈刚，长江三峡集团公司曹辉等编写。

唐洪武

2022年12月

目 录

总 序 .... 万　钢

前 言 .... 唐洪武

第1章　水风光多能互补概述与发展历程　001
1.1　概述 001
1.2　水力发电的发展历程 003
1.3　风力发电的发展历程 007
1.4　太阳能发电的发展历程 013
1.5　抽水蓄能的发展历程 022
1.6　水风光多能互补 029

第2章　水风光资源特性与评估　035
2.1　水能资源特性与评估 035
2.2　风能资源特性与评估 038
2.3　太阳能资源特性与评估 049
2.4　抽水蓄能资源 056
2.5　本章小结 058

第3章　水风光多能互补特性与开发模式　060
3.1　水风光多能互补特性 060

3.2　水风光多能互补开发模式……………………………………067
　　3.3　本章小结………………………………………………………074

第4章　水风光多能互补规划　076
　　4.1　水风光多能互补规划的原则与目标…………………………076
　　4.2　水风光多能互补的规划理念与主要内容……………………078
　　4.3　水风光多能互补基地容量配置………………………………080
　　4.4　水风光多能互补总体规划格局………………………………084
　　4.5　本章小结………………………………………………………085

第5章　水风光多能互补系统调度运行　088
　　5.1　水风光多能互补调度运行模式………………………………088
　　5.2　依托电网互补调度运行………………………………………090
　　5.3　水风光打捆互补调度运行……………………………………094
　　5.4　调度关键技术…………………………………………………096
　　5.5　调度运行实践…………………………………………………103
　　5.6　本章小结………………………………………………………107

第6章　风光抽蓄（储）互补调度运行　110
　　6.1　风光抽蓄互补运行特性………………………………………110
　　6.2　风光抽蓄联合发电调度运行…………………………………116
　　6.3　水风光多能互补的新型储能支撑技术………………………119
　　6.4　本章小结………………………………………………………124

第7章　水风光多能互补开发政策　126
　　7.1　顶层规划指引多能互补发展新方向…………………………126
　　7.2　双碳战略构建新时代多能互补发展大框架…………………127
　　7.3　"十四五"系列能源规划奠定多能互补发展总基础…………129
　　7.4　抽水蓄能及可再生能源一体化助力谱写多能互补新篇章…133

7.5	水风光多能互补开发政策建议	135
7.6	本章小结	135

第8章 水风光多能互补典型案例   **137**

8.1	北欧电网的水风光多能互补	137
8.2	德国盖尔多夫水电池试点项目	142
8.3	青海省水风光多能互补	144
8.4	雅砻江水风光多能互补规划	148
8.5	金沙江下游水风光多能互补规划	151
8.6	澜沧江水风光多能互补规划	154
8.7	格尔木风光储多能互补规划	158
8.8	四川阿坝小金川流域梯级水光蓄多能互补案例	160
8.9	本章小结	161

第 1 章 水风光多能互补概述与发展历程

1.1 概述

水风光多能互补利用了水电（包括抽水蓄能）的调节作用，平抑风电和光伏发电的出力波动，保障电力系统安全稳定运行，最大限度地提高新能源的利用率。

2021 年 9 月 22 日发布的《中共中央 国务院关于完整准确全面贯彻新发展理念做好碳达峰碳中和工作的意见》中明确提出，到 2060 年，我国"非化石能源消费比重达到 80% 以上，碳中和目标顺利实现"。因此，为实现"双碳"目标，必须实施可再生能源替代行动，构建以新能源为主体的新型电力系统。根据相关的预测，到 2060 年，新能源成为发电量结构的主体电源，装机占比超过 70%，发电量占比超过 60%。面对将占据主体位置的风电光伏，由于其发电出力的间歇性、随机性、波动性，以及高比例电力电子设备导致的电力系统低惯量特征，给电力系统实时平衡和安全稳定运行带来严峻挑战，亟须建设大量灵活调节与储能电源。

目前，我国电力系统中主要的灵活调节或储能电源包括灵活性改造的火电、燃气发电、常规水电、抽水蓄能、新型储能、光热发电等。

我国是全球常规水电资源最为丰富的国家。截至 2022 年年底，常规水电装机规模 3.68 亿千瓦，稳居世界第一。我国常规水电，已基本形成了流域梯级规模化、基地化开发的宏大格局，金沙江、雅砻江、长江上游，水电开发程度已达 80%，大渡河、红水河、乌江等主要流域，水电开发程度超过 90%。此外，我国也正在积极推动藏东南区域的水电流域开发。上述流域内均有丰富的风电或光伏发电资源，水风光多能互补发展的潜力巨大。

抽水蓄能电站凭借其技术成熟、经济性优、循环高效、双倍调节、启停迅速、运行灵活、环境友好的特点，以及在电力系统可承担调峰、填谷、储能、调频、调相、紧急事故备用、黑启动等诸多功能，成为新型电力系统构建中首选储能调节电源。目前我国也是全球初步查明抽水蓄能资源最多的国家。根据2021年国家能源局发布的抽水蓄能中长期规划，我国抽水蓄能资源总量达8亿千瓦左右。截至2022年年底，我国已投运抽水蓄能电站4579万千瓦，开发空间巨大。

在新型电力系统中，水电从传统以提供电量为主，兼顾调峰及容量作用，转变为电量和容量并重，面向电力系统调峰调频需求，为风电、光伏等间歇性新能源消纳提供支撑。因此，在资源、条件合适的地区，通过对有调节性能的水电扩机，降低其利用小时数，可获得更大的容量效益和调节能力。

当前世界上大多数发达国家，都是以燃气发电、水电、抽水蓄能等作为电力系统中最主要的灵活性调节电源。我国是一个天然气资源匮乏的国家，随着"双碳"目标的实施，我国可优先考虑在常规水电和抽水蓄能大规模开发的基础上，依托其优越调节性能进行水风光多能互补，推动可再生能源的高质量发展。

从空间尺度上，水风光多能互补可分为广域、局部和微电网三类。广域水风光多能互补通常指一个区域（一个或几个省）范围内的水风光资源及抽水蓄能电站，通过电网的优化调度实现高效协同运行和高效利用。如我国西北电网，水电主要分布在青海和甘肃，即黄河上游梯级水电站群，风电和光伏广泛分布在青海、甘肃和新疆。随着西北电网风电和光伏装机规模的不断增大，西北电网调峰调频矛盾日益突出，黄河上游水电站群通过大电网，逐步担负起平抑全网新能源波动的任务，与风电和光伏互补协同运行，最大限度地提高新能源的消纳能力。局部水风光多能互补一般分为三种情况：一是结合"西电东送"水电流域水风光储清洁能源一体化开发基地，如国家能源局发布的《2023年能源工作指导意见》中提出的"建设雅砻江、金沙江上游等流域水风光一体化示范基地"；二是通过特高压直流打捆外送的新能源基地，如正在建设的"沙戈荒"新能源基地，通过配置抽水蓄能以及火电平抑风光波动，互补后打捆送出；三是小流域单点并网的梯级电站与流域内的风光互补运行后打捆送出。微电网或离网运行的独立电网水风光多能互补运行主要是微网内的小水电与风光发电资源以及用电负荷、储能组成完整的源网荷储系统，水电和储能平抑风电光伏发电出力波动，满足负荷需求。

水风光多能互补方案重点是协调好资源互补、功能互补、经济互补等。第一，在资源上，我国夏季雨热同期，阴天多、气温高，光伏发电量相对较小，雨季集中了河川径流量的60%~80%、水多，且风小。冬季光好、水少、风大，从季节特性看，水与风光资源在发电属性上互补。第二，在功能上，通常情况下，风电白天发电少，夜晚发电多，随机性强；光伏仅白天发电，有规律但波动性大；水电通过水库调节，可实现一定时段内对水量即电量的重新分配。日调节及以上水电站，以可控的水电出力平抑风光发电的不稳定性，实现水风光联合发电的质量最优。第三，在经济上，随着水电开发向大江大河上游建设条件更严峻、交通条件更困难的地区推进，投资成本呈增加趋势，与此相对的是，在近 10 年内，我国陆上风电和光伏发电项目单位千瓦平均造价下降 30% 和 75% 左右，推动了风电和光伏发电全面实现无补贴平价上网。以低价风光拉低一体化开发的平均投资水平，增进开发主体积极性，将有效促进项目落地实施。

1.2 水力发电的发展历程

1.2.1 水力发电的起源与发展

人类首次利用水力发电在 1880 年前后。19 世纪 80 年代，在美国、英国、法国等国出现了专门供电的水电厂，其中以爱迪生在美国威斯康星州创建的亚伯尔水电站（装机 10.5 千瓦）较为著名，1882 年建成，被称作是水电站诞生的正式代表。此后，水电技术在全球范围内传播开来。德国在 1891 年发明了第一台三相水电系统，澳大利亚于 1895 年建成了南半球的第一座水电站。1895 年，美国纽约州尼亚加拉水电站发电，装机达 14.7 万千瓦，成为当时世界上最大的水电站。世界水力发电发展可以分为四个阶段。

（1）第一个 40 年（1880—1920 年）

水力发电发展初期的数十年间，数以百计的水力发电厂投产运行。在北美地区，先后建成了美国密歇根州大急流城（1880 年）、加拿大安大略省渥太华（1881 年）、纽约州多尔吉维尔（1881 年）和纽约州的尼亚加拉大瀑布（1881 年）等水电站。在水力发电发展的初期，虽然电站规模迅速扩大，装机容量有较大增长，但各国都处于单目标、单个电站孤立开发、独立管理的状态。

（2）第二个 40 年（1920—1960 年）

这一时期是水电开发迅猛发展的时代，大多数发达国家都以开发水能作为能源建设的重点。美国科罗拉多河是以发电、灌溉及供水、防洪、旅游等为目标进行水资源综合利用与开发的第一个流域，该河第一次大规模的开发活动始于 1928 年，1931 年 4 月动工兴建的胡佛水坝就是其中的一项关键性工程（1936 年 3 月建成）。1933 年，美国在田纳西河流域的开发方案中首次提出包括防洪、发电、航运、农业、旅游与环境等多目标梯级开发的主张，并加以实施。与此同时，苏联在 1931—1934 年完成了伏尔加河的梯级开发规划，并付诸实施。

（3）第三个40年（1960—2000年）

这一时期，巴西和中国已逐渐发展成为世界水电行业的领导者。发达国家水电建设从20世纪70年代以后开始走向平稳发展时代，而拉美一些发展中国家则从20世纪60年代开始了水电建设的高潮。由巴西和巴拉圭两国共同建设的伊泰普水电站，于1975年开工建设，1983年第一台机组发电，1991年全部建成，总装机容量1400万千瓦，是当时世界装机容量最大的水电站。

（4）进入21世纪（2000年至今）

进入21世纪，发展中国家的水电发展仍处于蓬勃发展的上升时期。截至2021年，全球水电装机容量达到13.60亿千瓦，年发电量约为4.27万亿千瓦·时，是全球最大的可再生电力来源。随着温室效应气候变暖等世界问题的出现，低碳能源转型成为大多数国家的共识，《巴黎协定》的签署和生效有力促进了水电、风电等清洁能源的发展。国际水电协会（IHA）主席肯·亚当斯在2015世界水电大会上表示，优先发展水电已成为国际共识。

从发展潜力和发展程度来看，欧洲、北美洲国家水电开发程度较高，增长潜力有限；非洲及除我国之外的南亚及东南亚地区水电开发程度较低，颇具开发前景；南美洲水电开发位于平均水平。根据国际可再生能源署（IRENA）预计，到2050年，形成最具成本效益、最可实现的全球净零能源系统，需要25亿～30亿千瓦的水电装机容量（含抽水蓄能），约为目前水电装机容量的两倍。因此，全球水能资源尚有很大的可开发空间。

1.2.2 我国水力发电的发展历程

1904年，我国台湾的龟山水电站开工，1905年建成，装机容量500千瓦，我国现代水力发电开始起步。我国大陆的第一座水力发电站云南石龙坝水电站于1908年8月开工，1912年5月发电，电站最初装机容量为480千瓦，目前装机容量已扩充至6000千瓦，仍在运营。中华人民共和国成立以来，我国水电事业历经艰苦奋斗、开放发展、大展宏图、高质量发展四个阶段，发生了巨大变化，为决胜全面建成小康社会和建设美丽中国作出了重要贡献。

（1）艰苦奋斗阶段（1949—1977年）

中华人民共和国成立初期，我国水电装机容量仅36万千瓦，基础薄弱。前期以学习苏联等国家和地区的水电技术为基础，通过艰苦奋斗，水电建设者逐步掌握了100米级混凝土坝和土石坝、100万千瓦级电站建设关键技术，分别建成了我国第一座自行设计、自制设备、自主建设，坝高达到105米的大型水电站——新安江水电站和首座百万千瓦级的刘家峡水电站（122.5万千瓦），初步奠定了我国水电发展的基业。截至1977年，全国水电装机容量达到1576万千瓦。

（2）开放发展阶段（1978—1999年）

1978年党的十一届三中全会的召开，标志着我国进入改革开放和社会主义现代化建设新时期，水电行业开始逐步探索投资体制和建设体制改革：通过实施"拨改贷"改革，集资办电和引进外资，逐步解决建设资金瓶颈问题；培育市场定价机制，积极推进实施公司制改革；以鲁布革和水口、漫湾、五强溪、隔河岩、岩滩5座百万千瓦级水电站建设为起点，引进外资、国际先进管理经验和技术，水电建设技术和设备制造能力不断提高。1987年，龙羊峡水电站投产发电，是当时亚洲最高的大坝（178米）和库容最大（247亿立方米）的水力发电工程，代表着20世纪80年代我国水电工程的最高水平。

1988年，有着"万里长江第一坝"之称的葛洲坝水利枢纽工程全面完工，成为20世纪我国自主设计、施工和运行管理的最大水利枢纽工程，也是世界上最大的低水头、大流量径流式水电站。1994年，湖北省宜昌市境内的长江西陵峡段，世界最大水力发电工程——三峡水利枢纽工程开工建设，我国百年三峡梦想从宏伟蓝图变成伟大工程实践。

20世纪90年代，建成了装机容量达330万千瓦的二滩水电站，是我国20世纪建成的最大水电站。同时，还有小浪底、大朝山等一批大型水电站陆续开工建设。截至1999年，全国水电装机容量达到7297万千瓦。

（3）大展宏图阶段（2000—2012年）

新千年伊始，我国十三大水电基地的开发蓝图逐步形成。党中央实施西部大开发战略，正式拉开了西部水电集中开发的新篇章，水电建设以"流域、梯级、滚动、综合"八字方针为指引，全面步入流域梯级开发的新阶段。2002年，国务院正式批准《电力体制改革方案》，推动水电开发市场主体多元化，建立了水电发展的良性机制，有力推动了水电生产力的健康发展。随着电力体制改革的深入推进，调动了地方投资水电的积极性，各地水电开发协议纷纷落地。全面推广水电流域梯级开发模式并取得实效，一批水电流域开发公司先后成立。自21世纪以来，水电建设步伐明显加快，全面推进红水河、乌江、澜沧江、雅砻江、大渡河、黄河上游、金沙江和长江上游等水电基地建设，以龙滩（630万千瓦，一期490万千瓦）、锦屏一级（360万千瓦，拱坝高305米）、溪洛渡（1386万千瓦）和向家坝（640万千瓦）为代表的一批大型水电站建成或开工建设，有力推动了我国西部地区经济和社会发展。截至2012年年底，全国水电装机容量2.49亿千瓦（含抽水蓄能2031万千瓦），居世界第一位。

（4）高质量发展阶段（2013年至今）

党的十八大以来，习近平总书记对能源发展高度重视，创造性提出"四个革命、一个合作"能源安全新战略，为新时代我国能源发展指明了前进方向。按照新发展理念和高质量发展的根本要求，我国水电步入科学有序开发大型水电、严格控制中小型水电、加快建设抽水蓄能电站、加强流域管理的高质量发展新阶段。开工建设乌东德、白鹤滩和两河口、双江口等调节性能好的大型水电站，有力提升流域的发电、防洪、供水能力，有效保障流域经济社会可持续发展。

这一时期，随着国家"西电东送"接续能源基地建设扎实推进，金沙江上游川藏河段的叶巴滩、苏哇龙等水电站相继开工建设，有利促进了西藏等少数民族地区的经济社会发展。开展抽水蓄能电站体制机制和电价形成机制改革试点工作，形成新一轮抽水蓄能电站建设高潮。同时，"一带一路"水电国际合作持续深化，我国水电已逐步成为引领和推动世界水电发展的重要力量。

1.2.3 我国水力发电的发展趋势

我国水电建设发展已取得举世瞩目的辉煌成就。预计到2025年，常规水电装机规模可达3.8亿千瓦。考虑到新增开工项目以及一定规模的水电扩机，预计到2030年，常规水电装机规模可达4.2亿千瓦左右。到2050年，常规水电装机规模可达5亿千瓦左右，年发电量在2万亿千瓦·时以上；此外，再加上1亿千瓦左右的水电扩机潜力，到2050年，常规水电的装机规模有望达到6亿千瓦左右。

综合研判当前的形势和发展潜力，未来我国常规水电将呈现以下发展趋势。

（1）构建现代江河治理体系仍是水电发展的重要主题

随着金沙江乌东德、白鹤滩和雅砻江两河口、大渡河双江口水电站的陆续建成投产，除雅鲁藏布江和怒江等大江大河外，我国主要大型水电基地的开发建设已经基本完成。结合这些流域的其他水利工程，目前已基本形成了生态环境友好、防洪体系完善、水能水资源利用高效、移民共享利益、航运高效通达、山川风光秀美、人水自然和谐的江河治理体系，未来仍将随着骨干工程建设而不断持续得到强化和完善。

（2）水风光综合开发已经成为水电发展的主要方向

为了支撑"双碳"目标，水电的定位也从为电力系统提供电量为主，兼顾调峰及容量作用，转变为在提供电量的基础上，实现中长周期储能，满足电力系统调峰调频需求，为风电、光伏等新能源消纳提供保障和支持，逐渐成为新型电力系统安全、稳定、经济运行的重要保障之一，水电开发在新时代也被赋予了更高的期许，推动这一转变的主要抓手就是水风光一体化。

（3）通过水电扩机增容加强对新能源的支撑作用

我国正在积极推进主要流域水电基地优化升级。到 2022 年，已完成黄河上游和雅砻江中下游水电规划调整的研究工作，红水河和乌江干流水电规划调整主要研究工作基本完成，李家峡和五强溪水电站扩机等工程建设取得新进展。未来在水电资源开发程度较高的地区，在充分发挥水电既有调峰潜力的基础上，按照生态优先、统筹考虑、系统谋划，通过对已建、在建水电机组进行扩机增容，增加大泵改造，增加可逆式机组建设混合式抽水蓄能电站，进一步提升水电的灵活调节能力，以更好地适应新能源的大规模发展对新型电力系统灵活性的需要。

1.3 风力发电的发展历程

1.3.1 风力发电的起源与发展

现代风力发电开始于欧洲的丹麦，1891 年，丹麦气象学家保罗·拉·库尔设计建造了世界上第一台现代意义的风力发电机。此后 100 多年，风力发电快速发展，技术进步迅速，具体表现在风机轮毂高度不断提高，叶轮直径不断加长，单机规模不断增大，技术路线逐渐统一为水平轴、上风向、三叶片、管式塔筒等。目前陆上风机单机容量正在向 1 万千瓦级突破，海上风机单机容量正在向 2 万千瓦级突破，风机利用效率不断提高，机组更加智能化，单位千瓦投资不断降低，使风电这种新型能源相比于火电等常规能源越发具有竞争力。

经测算，1% 的地面风能即可满足全球的电能需求，风能是巨大的电力能源宝库，未来发展前景广阔。全球风能理事会（GWEC）发布的《全球风能报告 2023》指出，到 2024 年，全球陆上风电新增装机将首次突破 1 亿千瓦；到 2025 年全球海上风电新增装机将达到 2500 万千瓦。未来五年，全球风电新增并网容量将达到 6.8 亿千瓦，平均每年风电新增装机将达到 1.36 亿千瓦，实现 15% 的复合增长率。

1.3.2 我国风力发电的发展历程

我国的风力发电始于 20 世纪 50 年代后期，发展初期主要是为了解决海岛和偏远农村牧区的用电问题，重点在于离网小型风电机组的建设。70 年代末，开始进行并网风电的示范研究，并引进国外风机建设示范风电场。1986 年，我国首个陆上示范性风电场——马兰风力发电场在山东荣成并网发电，成为我国风电发展史上的里程碑。在马兰风电场建成后，我国风电才真正进入其发展阶段。近十年，在国家新能源政策的支持下，我国风电产业快速发展。目前，我国风力发电装机容量已居全球第一。我国风电产业发展主要历经了六个阶段。

（1）早期示范阶段（1986—1993年）

1986年，我国从丹麦维斯塔斯风力技术集团引进的3台55千瓦风电机组在山东荣成马兰山安装，并成功发电并网。1993年年底，在广东汕头召开了全国风电工作会议，会上明确了风电产业化及风电建设前期所需的工作规范化要求。在该阶段中，政府积极利用国外赠款及贷款来建设小型示范风电场，并对风电项目和风力发电机组的研制进行相应的投入。

（2）产业化探索阶段（1994—2002年）

1994年通过明确风电上网电价的责任主体，保障投资者利益，风电产业得到进一步发展。浙江运达风电公司研发的200千瓦风电机组开始进行并网实验。20世纪90年代末，开始在"三北"地区集中建设风电场，并引进了德国定桨距失速调节式风电机组。例如，金风科技有限公司引进德国技术制造的600千瓦和750千瓦定桨距风电组。该阶段虽然风电有了一定的发展，但是电力体制由计划向竞争性市场过渡，使得风电发展相关政策模糊，导致风电产业发展受到了较大的限制。

（3）产业化发展阶段（2003—2009年）

国家发展改革委于2003年起推行风电特许权项目，目的在于扩大全国风电开发规模，提高风电机组的国产制造能力，约束发电成本，降低电价。2006年，《可再生能源法》的正式颁布，将电网企业全额收购可再生能源电力、发电上网电价优惠以及一系列费用分摊措施列入法律条文，促进了可再生能源产业的发展，我国风电步入全速发展的快速增长通道。2007年，风电发电量进入国家统计数据库，当年的发电量为57.10亿千瓦·时，占总发电量的0.17%。2006年，风电新增装机容量约是前二十年（1986—2005年）装机的总和；2007—2009年，连续三年保持大幅增长，同比年增长率分别为103%、100%、110%，至2009年年底累计装机容量达1760万千瓦。"十一五"前四年，在2005年累计装机容量基础上翻了四番，尽管2010年增长率有所下降，但"十一五"期间风电装机年复合增长率仍高达94.7%。

（4）大规模发展阶段（2010—2015年）

2009年7月，国家发展改革委发布了《关于完善风力发电上网电价政策的通知》，全国分四类地区设定风电上网标杆电价。随着风电技术的进步和发展规模的壮大，风力发电的成本迅速降低，2014年开始，政府实行标杆电价退坡下调机制，并确定了2015年标杆电价下调政策。2014年还出台了海上风电标杆电价政策。数据显示，由于风电标杆电价政策的实施，有力地推动了风电装机容量在"十二五"期间的大规模增长。

经过"十一五"爆发式增长，至2010年年底风电累计装机容量达2958万千瓦。从此，风电产业开始进入千万级基数的发展阶段，由于基数过大，"十二五"期间装机容量年复合增长率从"十一五"的94.7%下降至34.6%，但每年的新增装机规模明显扩大，平均年新增装机容量超过2000万千瓦，高出"十一五"期间平均年新增装机容量1453万千瓦。

（5）标杆电价退坡阶段（2016—2020年）

国家发展改革委、能源局、财政部等部门，从2015年开始陆续出台一系列政策文件，旨在加速实施风电标杆电价退坡机制，明确了风电平价上网路线图。2015—2016年分别对2016—2017年和2018年陆上风电标杆电价进行了下调。同时，鼓励通过招标等竞争方式确定陆上风电上网电价，且规定通过竞争方式形成的上网电价不得高于国家规定的当地风电标杆电价水平。确定从2019年起新增核准的风电项目由标杆电价改为指导价，并将指导价作为风电项目竞价的最高限价，体现了全面实施竞争配置的政策导向。风电标杆电价退坡政策规定，2018年年底之前核准的陆上风电项目，2020年年底前未完成并网的国家不予补贴；2020年年底之前核准的陆上风电项目，2021年年底未完成并网的国家不予补贴。自2021年起，新核准的风电项目全面实现平价上网，国家不再补贴。受政策影响，2020年和2021年成为风电的"抢装"大年。

"十二五"末风电累计装机容量达到1.3亿千瓦，基数规模进一步扩大，"十三五"期间装机容量年复合增长率从"十二五"的34.6%下降至16.6%，但每年的新增装机规模较"十二五"进一步扩大，平均年新增装机容量超过3000万千瓦，高出"十二五"期间平均年装机容量约1000万千瓦。截至"十三五"末，风电累计装机容量突破了2.8亿千瓦。

（6）高质量跃升发展新阶段（2021年至今）

根据《"十四五"可再生能源发展规划》，"十四五"时期我国可再生能源将进入高质量跃升发展新阶段，呈现新特征：一是大规模发展，在跨越式发展基础上，进一步加快提高风电装机占比；二是高比例发展，由能源电力消费增量补充转为增量主体，在能源电力消费中的占比快速提升；三是市场化发展，由补贴支撑发展转为平价低价发展，由政策驱动发展转为市场驱动发展；四是高质量发展，既大规模开发、也高水平消纳、更保障电力稳定可靠供应。我国可再生能源将进一步引领能源生产和消费革命的主流方向，发挥能源绿色低碳转型的主导作用，为实现双碳目标提供主力支撑。

据中电联发布的《2021—2022年度全国电力供需形势分析预测报告》，截至2021年年底，我国风电装机容量达到3.28亿千瓦，其中陆上风电3.02亿千瓦，占风电累计装机容量的92%，海上风电2639万千瓦，占风电累计装机容量的8.0%。2021年新增风电并网装机容量4757万千瓦，其中陆上风电3067万千瓦，占比64.5%，海上风电1690万千瓦，占比35.5%。根据国家能源局统计，我国风电累计装机容量如图1.1所示。

图1.1 我国风电累计装机容量

1.3.3 我国风力发电的发展趋势

大力发展清洁低碳能源，大幅增加生产供应，是优化能源结构、实现绿色发展的必由之路。我国风电行业从20世纪90年代的蹒跚学步，到现在已经成长为风电领域的行业巨人。通过"乘风计划"、国家科技攻关计划、"863"计划等，支持风电制造业的技术引进、吸收和再创新，大力发展风电市场并培育了国内装备制造业，形成具有竞争力的风电装备全产业链。经过对欧洲先进企业的长期学习与追赶，我国风电行业已经由技术引进、联合设计、消化吸收逐步过渡到自主研发阶段。我国风电产业经过多年的发展壮大，已经成为国家能源结构转型的主要力量。随着"双碳"战略的深入实施，风电还将继续保持快速发展态势，主要的发展趋势如下。

（1）风电机组大型化

随着风力发电技术的不断进步，其机组容量不断增大如图1.2所示。截至2021年，我国陆上风电机组的研发项目最大达到了7200千瓦，而海上风电机组的研发项目最大达到了1.6万千瓦。目前，对于大型风电关键设备，我国重点在研发1万千瓦级及以上风电机组，以及100米级及以上风电叶片、1万千瓦级及以上风电机组变流器和高可靠、低成本大容量超导风力发电机等方面开展研发与攻关。

图 1.2　我国风力发电机组容量

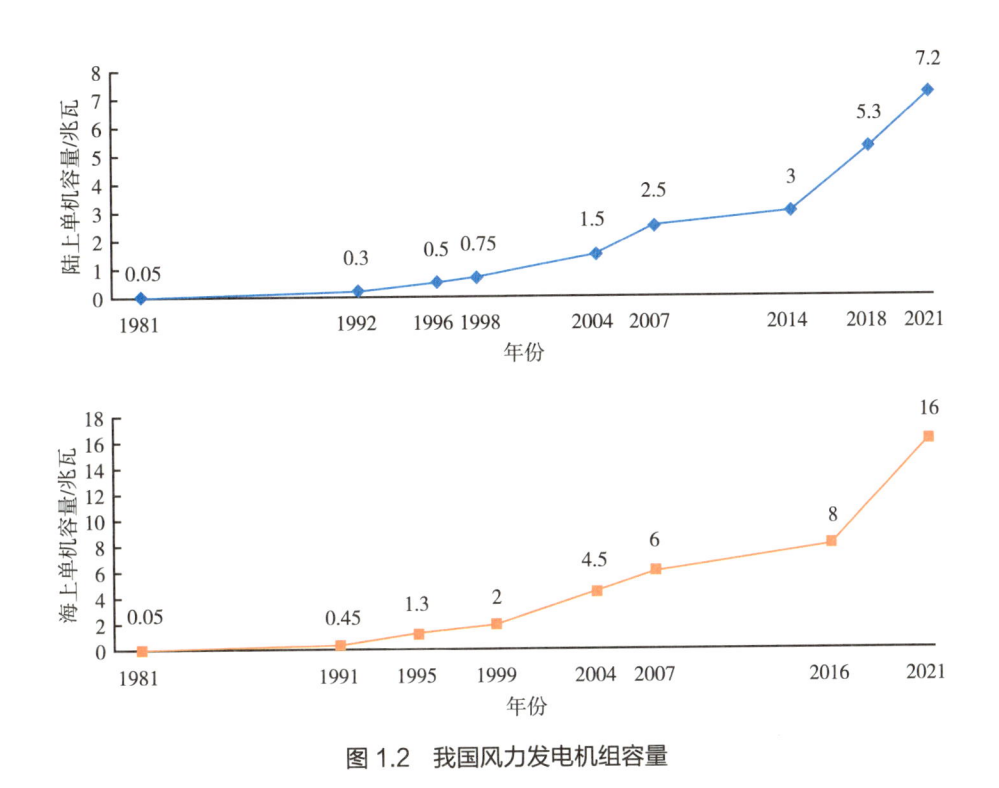

（2）风电开发基地化

在 10 米高度处，我国西部、北部地区有效风能密度超过 200 瓦 / 平方米，是东中部地区的 2 倍左右。西部、北部地区资源品质好，地广人稀，开发成本低，适宜集中式、规模化开发。根据国家发展改革委、国家能源局等九部门联合印发的《"十四五"可再生能源发展规划》，我国明确提出以沙漠、戈壁、荒漠地区为重点，加快建设黄河上游、河西走廊、黄河几字弯、冀北、松辽、新疆、黄河下游等七大陆上新能源基地。

（3）海上风电开发快速化

我国海域面积广阔，海上风能资源丰富，近海大部分区域 100 米高度年平均风速超过 7 米 / 秒，风功率密度可达 300 瓦 / 平方米以上；深远海适宜开发海上风电的区域面积约 73 万平方千米，年平均风速大多在 7.5～12 米 / 秒。预计 2030 年前，全国离岸距离 150 千米以内海上风电总技术开发量约 4.5 亿千瓦，其中近海海域约 1.15 亿千瓦，深远海海域约 3.35 亿千瓦。

海上风电向基地化、集约化、融合化高质量发展。截至 2023 年 3 月，全国海上风电累计并网装机容量约 3089 万千瓦，装机规模已连续两年位居全球首位，超过第 2～5 名国家海上风电并网装机总和，已并网项目基本位于近海海域，以单体零散化开发、送出为主。《"十四五"可再生能源发展规划》指出，我国将优化近海海上风电布局，开展深远海海上风电规划，推动近海规模化开发和深远海示范化开发，重点建设山东半岛、长三角地区、闽南地区、粤东地区、北部湾五大海上风电基地集群。目前，我国近海海上风电开发已较为成熟，正加速向风能资源更优、环境承载能力更强、发展空间更广的深水远岸布局。我国规划推进海上风电项目基地化、规模化开发，分为项目、集群、基地三个层次，单体项目规模原则上不小于100万千瓦，由单体项目组成百万千瓦级的海上风电集群，由海上风电集群组成千万千瓦级的海上风电基地。深远海海上风电将按照基地规划，实现统一输电送出，共用海底廊道和登陆点，避免海洋空间零散割裂使用，节约海域和岸线资源。为促进海域立体使用、资源综合开发、整体效益提升，海上风电将与海洋牧场、海上油气、海水淡化、制氢制氨等多种能源和资源综合利用与融合发展，推动"海上能源岛"重大示范工程建设。

海上风电加强技术创新和装备研发，促进产业提质升级。海上风电机组方面，单机容量从最早的3000千瓦提升至主流机型8000～10000千瓦，全球首台最大功率（1.6万千瓦）风机已在福建省平潭外海海上风电场成功安装，1.8万千瓦机组已下线；叶片长度从66米增长到110～130米，不断提升海上风能资源利用效率；未来将继续保持大容量海上风电机组研发力度，加速取得型式认证，突破全碳纤维叶片、大容量发电机、轴承等生产工艺，进一步提升国产化率。海上输电工程方面，交联聚乙烯绝缘海底电缆最高电压等级已达500千伏等级，±400千伏海上柔性直流输电示范工程已并网发电；第二代海上升压站已规模化应用并不断实现轻量化；未来将聚焦新型送出技术，解决柔性直流输电、海上换流站降本增效等问题，推动低频输电等新技术示范应用。海上风电基础方面，引领号、扶摇号、观澜号等海上漂浮式风电机组已经实现样机示范，但由于成本高，暂不具备商业化、规模化开发条件，未来将在浮体基础、系泊系统、动态海缆等方面进行技术突破，同时不断推动相关产业发展，以进一步实现商业化。海上风电施工运维方面，海上风电机组的安装能力取得了显著提升，国内现役风电安装船超过54艘，可基本满足"十四五"期间海上风电机组的安装需求，未来将加快投资建设吊重更高、满足海上风电大型化发展趋势的高端安装船，预计到2024年国内风电安装船将达到近100艘。

（4）成本下降快速化

在陆上风电方面，根据《中国可再生能源发展报告》，2020年，我国陆上集中式平原、山区地形风电项目单位千瓦造价分别约为6500元、7800元；2021年，我国陆上集中式平原、山区地形风电项目单位千瓦造价分别约为5800元、7200元；2022年，陆上集中式平原、一般山地以及复杂山地风电项目单位千瓦造价分别约为 4800 元、5500 元和 6500 元，综合平均造价约 5800 元。随着风电产业和技术的不断进步，风电机组价格和项目配套设施成本的进一步降低，主要包括行业规模扩大，平均项目规模增加，供应链更具竞争力，资本成本下降，容量因数提高等。在海上风电方面，我国海上风电单位千瓦造价变化如图 1.3 所示。随着平价阶段海上供应链各个环节共同挤出抢装期间过高的利润水平，同时通过技术创新整体降本，2022 年开始我国海上风电单位造价进入快速下降阶段，单位千瓦造价从目前的 1.4 万～1.8 万元趋近于 1 万～1.4 万元，山东、江苏等建设条件较好区域，个别项目总承包单位千瓦价格降低至 1 万元以下。

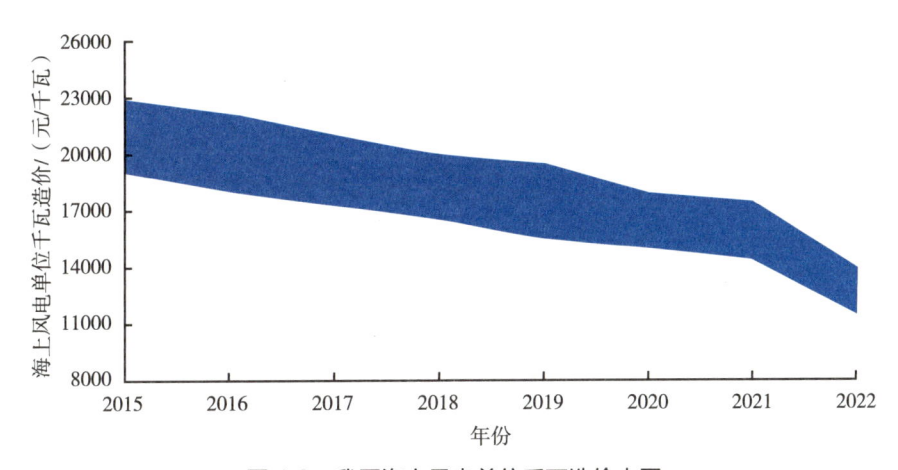

图 1.3 我国海上风电单位千瓦造价水平

（5）风电产业数字化和智能化

在国家数字化发展政策和产业需求指引下，我国风电产业数字化和智能化进程加快。在风电主机以及风电场规划设计层面，设计工具国产化成效显著，数字化和智能化的设计平台不断涌现，在可视化和友好性方面大大提升。在风电场运维过程中，从早期的风电场运行数据采集与监控系统（SCADA），过渡到区域级的运维平台，甚至集团级的运维平台，平台的数字化和智能化水平不断提升，保证了风电场全生命周期的安全高效运行。

1.4 太阳能发电的发展历程

太阳能发电主要分为光伏发电和光热发电两种，光伏发电是利用光生伏特效应产生电能，是由光到电的过程；光热发电是利用热力学原理产生电能，是光 - 热 - 电的过程。目前，光伏发电应用更为广泛。

1.4.1 光伏发电的发展历程
1.4.1.1 光伏发电的起源与发展

太阳能光伏电池的工作原理是基于"光生伏特效应",简称"光伏效应"(Photovoltaic effect),如图1.4所示。1839年,法国物理学家贝克勒尔意外观察到,两片浸在电解液中的金属电极在受到阳光照射时会产生额外的伏特电势,他把这种现象称为光生伏特效应。1876年,英国科学家亚当斯等在研究半导体材料时发现了硒的光伏效应。1884年,美国科学家查尔斯制成了硒太阳能光伏电池,但其转换效率很低,仅有1%。

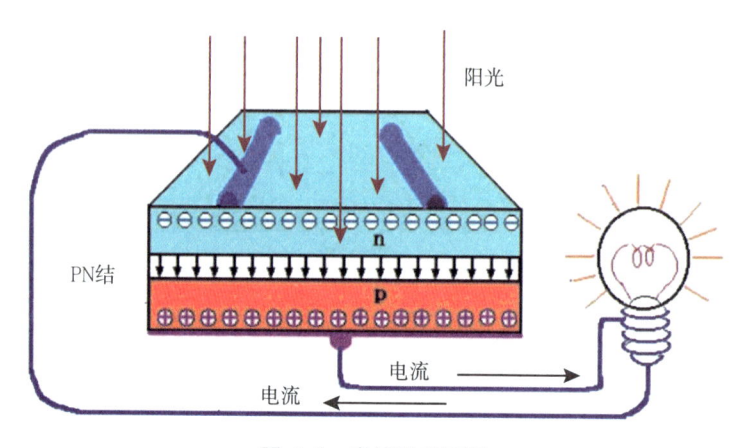

图1.4 光伏效应原理

1941年开始,硅太阳能电池的相关报道开始见诸报端,直至1954年美国贝尔实验室才研发出真正意义上的现代单晶硅太阳能电池初代产品。它是第一个能以适当效率(约6%)将光能直接转化为电能的光伏器件,它的出现标志着太阳能研发工作的重大进展。

20世纪70年代,石油危机爆发推动了能源结构的变革,全球兴起了开发利用太阳能的热潮。美国政府制定了阳光发电计划,太阳能研究经费大幅度增长,并且成立太阳能开发银行,促进太阳能产品的商业化。日本政府也制定了"阳光计划"。进入80年代后,全球石油价格大幅度回落,而太阳能产品价格居高不下,缺乏竞争力,同时太阳能技术没有重大突破,提高效率和降低成本的目标没有实现,许多国家相继大幅度削减太阳能研究经费。

2007年以后,光伏发电技术不断突破,同时随着全球低碳生活理念的不断普及,全球太阳能产业迅速发展。各国推出政府补贴政策,推动光伏大规模商业化,目的是通过一段时间的扶持,让光伏发电获得规模和技术突破,使光伏发电成本和传统能源发电相竞争。在诸多推动因素影响下,光伏装机随之迎来大幅扩张，2008—2013 年，全世界光伏新增装机年增速均保持在 50% 以上，2011 年甚至达到近 80%。

2014 年之后，光伏发电行业经过优胜劣汰的筛选后，发电成本持续大幅下降，投资回报重新获得平衡，全球更多的国家加入支持光伏发电的行列，具有技术研发优势、规模优势的企业不断涌现。全世界进入光伏发电大发展的阶段。

1.4.1.2 我国光伏发电的发展历程

我国的光伏发电于 20 世纪 80 年代开始起步，在国家"六五"和"七五"期间，中央和地方政府就对光伏行业投入资金扶持，使得我国太阳能电池工业得到了初步发展，并在许多地方开展了工程示范，拉开了我国光伏发电发展的序幕。2002 年前后，无锡尚德、英利等组件厂相继投产，成为我国第一批现代意义的光伏组件生产企业。2004 年 8 月，深圳国际园林花卉博览园 1000 千瓦并网光伏电站建成发电，总投资 6600 万元，是国内首座大型的 1000 千瓦级并网光伏电站，也是当时亚洲最大的并网太阳能光伏电站。近十年，在我国新能源政策的助力下，我国光伏产业快速发展。截至 2022 年年底，我国光伏组件产量连续 16 年位居全球首位，光伏新增装机量连续 10 年位居全球首位，累计装机量连续 8 年位居全球首位。2022 年我国光伏产品出口总额突破 500 亿美元。我国光伏发电行业的发展壮大主要经历了成长起步、产业化发展、规模化发展、提质增效四个阶段。

（1）成长起步阶段（1978—2005 年）

改革开放以后，国家对光伏应用示范项目给予支持，使光伏系统在工业和农村应用中得到发展，如小型户用系统和村落供电系统等。2000 年以后，国家先后启动"西部省区无电乡通电计划""光明工程计划"等项目，使光伏发电系统在解决西部边远无电地区农牧民生活用电问题上发挥了积极作用。截至 2005 年年底，我国光伏累计装机达 7 万千瓦。

（2）产业化发展阶段（2006—2012 年）

2006 年，我国《可再生能源法》正式颁布实施，开始逐步建立有利于光伏发电产业健康发展的、相对完整的政策环境。2009 年起，我国实施"金太阳"示范工程和"光电建筑应用示范项目"，2009 年和 2010 年，我国先后启动了两轮光伏特许权招标项目，有效推动了光伏发电项目开发建设运营、产品研发制造等较快发展。到 2012 年年底，全国累计光伏发电装机容量 346 万千瓦，光伏发电已具备加快发展的条件。

（3）规模化发展阶段（2013—2017 年）

为壮大国内光伏市场，2013 年，国务院发布《关于促进光伏产业健康发展的若干意见》。此后，各部委和地方政府积极出台支持和规范光伏行业发展的政策性文件。在一系列利好政策推动下，我国光伏发电市场规模快速扩大。截至2017年年底，累计装机规模13042万千瓦。

（4）提质增效阶段（2018年至今）

2018年，三部委联合发布《关于2018年光伏发电有关事项的通知》，促进光伏行业健康可持续、高质量发展。2022年，光伏发电新增装机创历史新高，全国新增装机8605万千瓦，同比增幅达到28.1%，除户用分布式光伏外，大部分新增装机为平价项目，截至2022年年底，我国光伏累计装机达到39204万千瓦，如图1.5所示，新增和累计装机均居世界首位，其中集中式光伏电站23442万千瓦，分布式光伏15762万千瓦。分布式光伏表现尤为突出，新增装机容量5011万千瓦，同比增长46.6%，占全部光伏发电新增装机容量的58.2%，为历史新高，光伏发电集中式与分布式并举的发展趋势明显。发电量持续提高，达4251亿千瓦·时，同比增长30.4%，占总发电量的4.8%，同比提升23.1%。光伏发电平均利用小时数1202小时，同比增加3.3%。发电消纳率保持较高水平，保持在98.3%。

图1.5 2013—2022年全国光伏发电装机容量

2022年，由于受到产业链价格波动影响，集中式光伏电站单位千瓦造价同比与上年基本持平，较2020年略有上浮，上浮比例4%，约4130元，如图1.6所示；分布式光伏单位千瓦造价较2020年上浮10.6%，约3740元。在"双碳"目标引导下，光伏发电社会关注度不断提高，金融环境明显改善，受益于国内光伏发电新增规模持续性增长，2022年投资呈总体上升趋势，约3358亿元，同比上升55.6%。

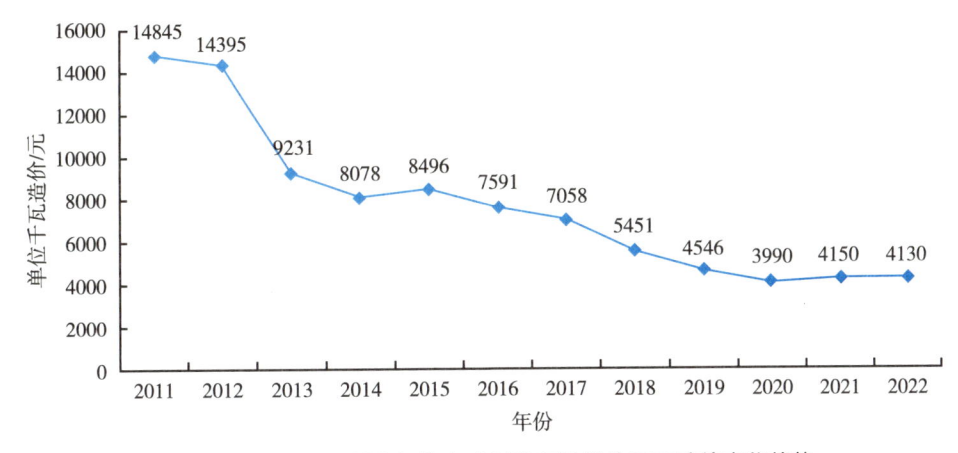

第1章 水风光多能互补概述与发展历程

图1.6 2011—2022年集中式光伏电站单位千瓦造价变化趋势

1.4.1.3 我国光伏发电的发展趋势

（1）集中式和分布式并举，推动光伏装机规模持续快速增长

以大基地为依托的集中式光伏发电成为压舱石。我国将大力发展可再生能源，在沙漠、戈壁、荒漠地区加快规划建设大型风电光伏基地项目。目前，第一批9705万千瓦基地项目已全面开工、部分已建成投产，第二批基地部分项目陆续开工，第三批基地已形成项目清单。分布式光伏发电在中东部的快速增加，将成为新的增长极。2021年6月，国家能源局发布《关于报送整县（市、区）屋顶分布式光伏开发试点方案的通知》，要求整合资源实现集约开发。从2022年发展情况来看，中东部地区新增光伏发电装机规模中分布式占比约55%。随着新增可再生能源不纳入能源消费总量控制政策的落地实施，中东部地区作为能源消费大省，考虑土地资源紧张等客观实际，分布式光伏发电将有望再创新高。

（2）光伏发电开发利用模式持续多元化

光伏发展将持续保持多品种协同发展特点，并进一步与其他行业实现融合发展。在多模式协同发展方面，除"光伏+储能"外，将继续加大水风光、风光火储、区域耦合供暖等多品种协同发展；融合发展方面，光伏发电等新能源将持续深化与农业、林业、生态环境、乡村振兴等行业的融合，例如农光互补、渔光互补等，不断拓展新能源发展新领域、新场景。

（3）光伏发电技术加速迭代，大尺寸光伏电池将成为主流

由于能够获得更低的度电成本，近年来晶体硅电池单片尺寸不断向大尺寸发展，并在去年实现市场占比的快速提升。未来将进一步延续这一趋势，182毫米以上尺寸电池市场占比有望达到70%以上。N型电池有望快速增长，目前P型PERC电池占据70%以上的市场份额，N型电池尚在推广阶段，其发展速度取决

于其与 PERC 电池的成本与效率的差异。行业持续提效降本、设备优化为 N 型电池的发展提供了机遇。根据各主流厂商扩产计划，2022 年 N 型电池产能规模达到 9400 万千瓦，出货量达到 1900 万千瓦，预计 2023 年产能规模将达到 46000 万千瓦。若 N 型电池降本以及优良率控制能够取得突破，其市场占有率将超过预期。

（4）光伏发电绿色环境价值将进一步凸显

《关于试行可再生能源绿色电力证书核发及自愿认购交易制度的通知》明确，绿证是新能源发电量的环境属性证明和消费绿色电力的唯一凭证，光伏发电企业可以通过出售绿证获得环境价值收益。2022 年，全年核发绿证 2060 万个，对应电量 206 亿千瓦·时，较 2021 年增长 135%；交易数量达到 969 万个，对应电量 96.9 亿千瓦·时，较 2021 年增长 15.8 倍。截至 2022 年年底，全国累计核发绿证约 5954 万个，累计交易数量 1031 万个，有力地推动经济社会绿色低碳转型和高质量发展，参与绿证认购的企业涉及制造、电气、化工、服务等多个行业，其中制造业占比超过 50%。随着我国碳达峰碳中和目标的深入推进，以及欧盟碳边境调节税的提出，目前社会绿色电力消费需求逐步提升，将进一步激发绿证市场活力，推动建立健全新能源环境权益交易体系，光伏等新能源绿色环境价值将进一步凸显。

1.4.2 光热发电的发展历程

1.4.2.1 光热发电的起源与发展

光热发电是采用聚光装置将太阳辐射能聚焦到集热器内，通过换热推动汽轮发电机组、斯特林发电机等发电的形式，主要包括塔式、槽式、碟式、线性菲涅尔式等，如图 1.7 所示。

1950 年，苏联设计了世界上第一座太阳能塔式光热发电站，建造了一个小型试验装置。20 世纪 70 年代，许多工业发达国家都将光热发电作为重点，投资兴建了一批试验性光热电站。据不完全统计，1981—1991 年的十年间，全世界建造的光热电站（500 千瓦以上）有 20 余座，发电功率最大的达 8 万千瓦。

20 世纪 80 年代中期，人们对建成的光热发电站进行技术总结，发现虽然光热发电在技术上可行，但投资过大，且降低造价十分困难。对此，路兹公司自 1980 年开始进行光热发电技术研究，主要开发槽式光热发电系统，5 年后取得技术突破，实现了商业化应用。公司 1985—1991 年在美国加州沙漠先后建立了 9 座槽式光热发电站——SEGS Ⅰ～SEGS Ⅸ，总装机容量达 35.38 万千瓦。在路兹公司引领下，全球掀起了光热电站建设的热潮。遗憾的是，1991 年因路兹公司破产导致计划中断。路兹公司倒闭之后，光热发电技术也步入长达 16 年的发展停滞

(a) 塔式光热发电　　　　　　　　　(b) 槽式光热发电

(c) 碟式光热发电　　　　　　　　(d) 线性菲涅尔式光热发电

图1.7　光热发电的主要形式

期。美国国家可再生能源实验室（NREL）的数据显示，1990—2006年新增光热发电装机容量仅1000千瓦，而1990年当年的新增装机容量即8万千瓦，降幅达到98.8%。

十余年来，随着技术进步和各国对清洁能源需求的增加，光热发电又一次成为新能源领域的热点。根据国际可再生能源署（IRENA）的统计数据，截至2022年年底，全球光热电站总装机容量达589.2万千瓦，其中西班牙在运光热电站总装机容量为236.4万千瓦，位居全球第一。

1.4.2.2　我国光热发电的发展历程

我国的太阳能光热发电产业及相关技术的发展起步始于21世纪初，经历了科技创新与技术探索、规模化示范、规模化发展三个阶段。

(1) 科技创新与技术探索阶段（2004—2014年）

在此期间，我国开展了一系列的科技创新研究和小规模的试点项目开发。

在科技创新方面，2006年，科技部国家高技术研究发展计划（863计划）先进能源技术领域启动了"太阳能热发电技术及系统示范"重点项目，开启了我国光热发电技术示范研究工作；2009年，科技部国家重点基础研究计划（973计划）"高效规模化太阳能热发电的基础研究"项目启动，开启了我国光热关键科学问题研究；2012年，科技部"十二五"主题项目"太阳能槽式集热发电技术研究与示范"项目启动，开始对1000千瓦级槽式光热发电技术进行研究示范；2014年，"十二五"国家科技支撑计划项目"太阳能热发电槽式高温集热管研发及产业化"通过科技部组织的项目验收。

在试点开发方面，2011年，我国第一个太阳能热发电工程项目"鄂尔多斯5万千瓦槽式太阳能热发电"项目完成特许权示范招标，该项目未能启动建设，但特许权项目的启动引发市场关注和行业期待，包括中国华能集团有限公司、中国广核集团有限公司等国企以及一些民营企业开始布局进入光热发电产业链。2012年，兰州大成自主研发的200千瓦槽式+线性菲涅耳聚光太阳能光热发电试验系统实现发电；8月，我国首座1000千瓦塔式太阳能热发电试验电站在北京延庆成功发电；10月，华能清洁能源技术研究院和华能海南公司共同研发建设的1500千瓦线性菲涅尔式光热联合循环混合电站在海南三亚投产，项目产生的过热蒸汽接入华能南山电厂发电机组的补汽口并供给汽轮机发电。2013年7月，青海中控德令哈1万千瓦光热示范工程并网发电；10月，1000千瓦太阳能线性菲涅尔式热电联供项目在西藏开工建设。2014年7月，1000千瓦太阳能槽式热发电系统在北京延庆开工建设；8月，首航高科能源技术股份有限公司投资开发的敦煌1万千瓦熔盐塔式光热发电项目在敦煌开工。

（2）规模化示范阶段（2015—2021年）

2015年9月国家能源局印发《关于组织太阳能热发电示范项目建设的通知》，提出要组织建设一批示范项目，明确了示范目标：一是要扩大光热发电产业规模，形成国内光热发电设备制造产业链；二是要培育具备全面工程建设能力的系统集成商，以适应后续光热发电发展的需要。我国正式启动太阳能光热发电示范工作，首批光热发电示范项目计划建设20个，包括9个塔式电站、7个槽式电站和4个菲涅尔电站，总装机134.9万千瓦。2018年6月，内蒙古乌拉特中核龙腾、兰州大成敦煌示范项目开工，标志着我国光热示范项目进入全面建设阶段。2021年6月，国家发展改革委办公厅发至国家能源局综合司《关于落实好2021年新能源上网电价政策有关事项的函》的文件明确：对国家能源局确定的首批光热发电示范项目，于2021年底前全容量并网的，上网电价继续按每千瓦·时1.15元执行，之后并网的中央财政不再补贴。截至2021年年底，共计建成并网7个项目，总规模45万千瓦。

（3）规模化发展阶段（2022年至今）

2023年3月，国家能源局综合司发布《国家能源局综合司关于推动光热发电规模化发展有关事项的通知》，提出要积极开展光热规模化发展研究工作，建设新能源占比不断提高的新型电力系统，大力提升电力系统综合调节能力，加快灵活调节电源建设。

截至2022年年底，我国光热发电装机容量约为67万千瓦，如图1.8所示。共12个项目，主要分布在甘肃（21万千瓦）、青海（21万千瓦）、内蒙古（10万千瓦）、西藏（10万千瓦）和新疆（5万千瓦）。从分布特征上看，由于土地和光资源等自然条件的因素，我国太阳能光热发电站主要分布在西北地区，少数分布在华北地区。

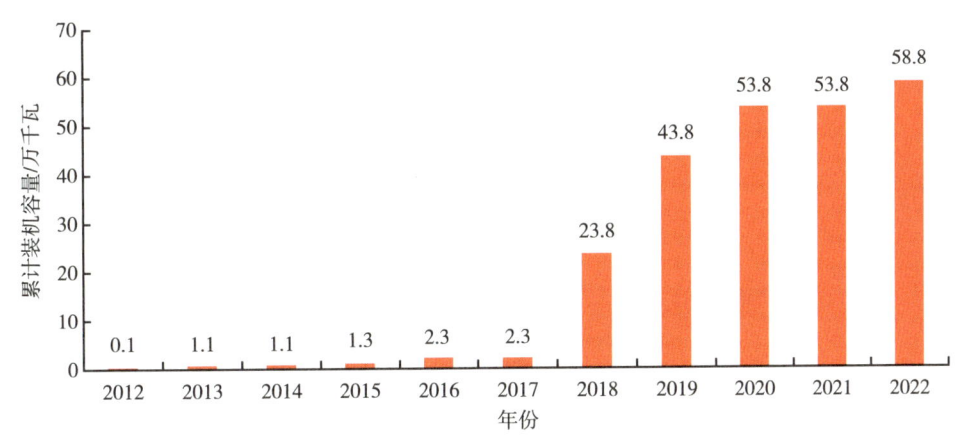

图1.8　2012—2022年我国光热电站装机容量

资料来源：国家太阳能光热产业技术创新战略联盟《中国太阳能热发电行业》。

通过首批光热发电示范项目建设，我国光热发电全产业链基本形成，光热发电站使用的设备、材料得到了很大发展，并具备了相当的产能。在国家首批光热发电示范项目中，设备、材料国产化率超过90%。当前，国内光热发电产业链主要相关企业已超过500家。由于成本优势，我国光热发电产业开始走向世界。如中国电建山东电力三建2018年承建了摩洛哥努奥三期15万千瓦塔式光热发电项目、中国能建和中控太阳能公司等联合体于2019年投资开发希腊米诺斯5万千瓦塔式光热发电站项目，这是我国光热发电产业首次以"技术+装备+工程+资金+运营"的完整全生命周期模式走出国门。

1.4.2.3　我国光热发电的发展趋势

"十四五"期间，多能互补大势所趋，光热发电迎来新一波发展热潮。随着我国新能源发电装机规模快速增长，储能的重要性日益突出，而光热发电能够承担"基荷电源+调节电源+同步电源"多重角色，能够与光伏、风电起到较好的协同、互补作用，因而推动建设"风光热储""光热储能+"等一体化项目，发掘光热发电调峰特性，推动光热发电在调峰、综合能源等多场景应用，将成为未来主要的发展趋势。与此同时，目前光热的成本还比较高，未来还需通过不断的技术革新，提高效率，降低成本，从而适应市场竞争。

1.5 抽水蓄能的发展历程

抽水蓄能是目前全球公认的最成熟、最可靠、最清洁、最经济的储能方式，其工作原理是在用电低谷期将水由下水库抽至上水库，将电能转化为水的势能；在用电高峰期将储藏的水势能转化为电能供给电网满足生产需求，如图 1.9 所示。抽水蓄能电站可承担电力系统调峰、填谷、储能、调频、调相、紧急事故备用等任务，随着新能源接入比例快速增加，抽水蓄能对电网安全稳定运行的支撑作用越发凸显。

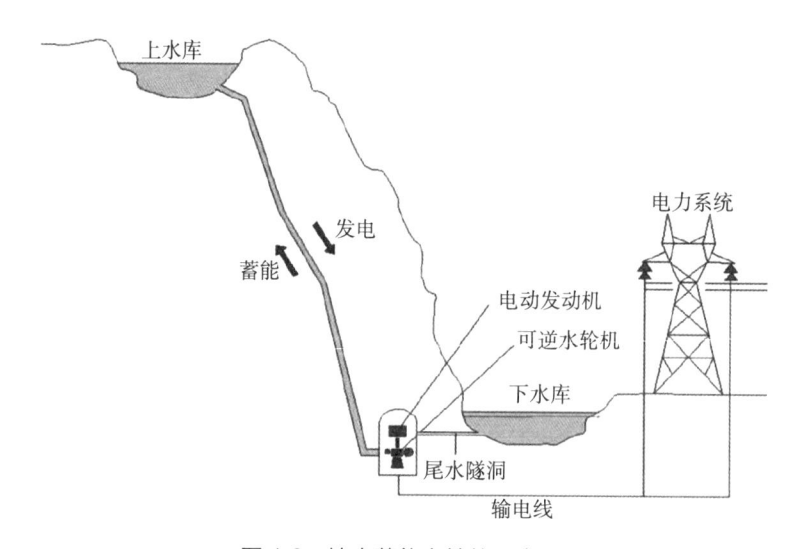

图 1.9 抽水蓄能电站的示意图

1.5.1 抽水蓄能电站的起源与发展

1882 年，全球第一座抽水蓄能电站诞生于瑞士苏黎世，距今 140 余年。抽水蓄能电站从最初的四机式（水轮机、发电机、水泵、电动机）过渡到三机式（水轮机、发电 – 电动机、水泵），发展到现代的两机可逆式水泵水轮机组；从配合常规水电的丰枯季调节到配合火电、核电运行，逐渐转变为配合风电和光伏等新能源运行，从定速机组发展到交流励磁变速机组和全功率变频机组，技术在不断更新。未来在全球绿色低碳转型的大背景下，风电、光伏发电大规模建设，特高压输电广泛应用，抽水蓄能电站将起到至关重要的作用。抽水蓄能发展主要可分为三个阶段。

（1）发展起步阶段（1882年—20世纪40年代末）

1882年，瑞士苏黎世建成了世界上第一座抽水蓄能电站，装机容量515千瓦的奈特拉抽水蓄能电站，之后，这一创新电力品种迅速得到欧美国家的积极响应，到20世纪40年代末，全世界建成抽水蓄能电站31座，总装机容量约130万千瓦。这一阶段是抽水蓄能验证探索、为发展蓄力阶段，电站多是利用天然湖泊，兴建的调节性能较好的中小型抽水蓄能电站，主要为配合常规水电丰枯季调节运行。电站主要在欧洲兴建，主要分布在瑞士、意大利、德国、奥地利、捷克、法国、西班牙等国家，其中以瑞士奈特拉、意大利维罗尼、法国贝尔维尔、西班牙乌尔迪赛、德国维茨瑞等抽水蓄能电站为代表。

（2）快速发展阶段（20世纪50年代—60年代末）

发达国家经历了经济的高速增长期，电力负荷迅速增长，电力负荷的峰谷差也迅速增加，具有良好调峰填谷性能的抽水蓄能电站得以迅速发展，到1970年，全球抽水蓄能电站装机容量达1601万千瓦，其间美国抽水蓄能装机容量跃居世界第一。20世纪70—80年代，在两次石油危机的影响下燃油电站比重下降，核电站建设迅猛发展，同时常规水电比重下降，电网调峰能力下降，低谷富余电量大增，急需调峰填谷性能优越的抽水蓄能电站与之配套。美国、德国、法国、日本、意大利等经济发达国家开始大规模兴建抽水蓄能电站，全球抽水蓄能进入黄金发展期，到1990年全球抽水蓄能电站装机容量达到8688万千瓦，这一阶段建成的典型电站主要有美国巴斯康蒂、法国大屋、日本新高濑川等抽水蓄能电站。

（3）平稳发展阶段（20世纪90年代至今）

西方发达国家核电站建设进程放缓，同时建设大量调峰性能良好的燃气电站，调峰填谷的需求有所下降，抽水蓄能电站增长速度开始放缓，年均增长率约2.75%，到2000年全球抽水蓄能电站装机容量达到11328万千瓦，其间日本超过美国成为全球抽水蓄能电站装机容量最大的国家。进入21世纪，西方发达国家受资源与环境等制约，抽水蓄能电站建设规模有限，以更新改造为主，抽水蓄能增长速度明显放缓。亚洲国家经济增长速度提升，特别是中国、韩国和印度，电力需求旺盛，对抽水蓄能电站的需求增加迅猛，抽水蓄能发展重点由西方转移到亚洲，我国抽水蓄能电站装机容量增长尤为迅速，到2022年年底，全球抽水蓄能电站总装机规模达1.75亿千瓦，建设的典型电站有我国的广州、长龙山和丰宁等抽水蓄能电站，日本葛野川、神流川等抽水蓄能电站。全球代表性抽水蓄能电站如表1.1所示。

表 1.1 全球代表性抽水蓄能电站

阶段	年份	国家	电站名称	装机规模（万千瓦）	水头（米）
发展起步阶段	1882	瑞士	奈特拉	0.0515	153
	1912	意大利	维罗尼	0.76	156
	1924	法国	贝尔维尔	1.8	542
快速发展阶段	1981	日本	新高濑川	128	230
	1985	法国	大屋	120	955
	1985	美国	巴斯康蒂	210	329
平稳发展阶段	2000	中国	广州	240	514
	2000	日本	葛野川	160	714
	2021	中国	长龙山	150	712

1.5.2 我国抽水蓄能电站的发展历程

我国抽水蓄能电站的发展，始于 20 世纪 60 年代后期。1968 年，河北岗南水库电站安装了一台容量 1.1 万千瓦的进口抽水蓄能机组。1973 年和 1975 年，北京密云水库白河水电站改建并安装了两台天津发电设备厂生产的 1.1 万千瓦抽水蓄能机组，总装机容量 2.2 万千瓦。这两座小型混合式抽水蓄能电站的投运，标志着我国抽水蓄能电站建设拉开序幕。

经过 20 世纪 70 年代的初步探索、80 年代的深入研究论证和规划设计，我国抽水蓄能电站的兴建逐步进入蓬勃发展时期。以火电为主的华北、华东、广东等电网的调峰供需矛盾日益突出。由于受地区水能资源的限制，可供开发的水电很少，电网缺少经济的调峰手段，电网调峰矛盾日益突出，缺电局面由电量缺乏转变为调峰容量也缺乏，修建抽水蓄能电站以解决火电为主电网的调峰问题达成共识。在此期间，广州、北京十三陵和浙江天荒坪抽水蓄能电站陆续开工建设。20 世纪 90 年代后期至 21 世纪初，我国随着改革开放的深入，经济社会快速发展，抽水蓄能电站的建设规模持续增加，分布区域也不断扩展。在此期间，相继建成了山东泰安、浙江桐柏、河北张河湾、山西西龙池、江苏宜兴、湖南黑麋峰、湖北白莲河、河南宝泉、广东惠州、辽宁蒲石河、安徽响水涧、福建仙游等大型抽水蓄能电站。特别是 2014 年以后，结合电力系统安全稳定运行和新能源大规模发展的需要，以及抽水蓄能电站两部制电价出台，开工建设了内蒙古呼和浩特、黑龙江荒沟、吉林敦化、安徽绩溪、海南琼中、河北丰宁、广东阳江等一批大型抽水蓄能电站。截至 2022 年年底，抽水蓄能电站已建投产总规模达到 4579 万千瓦，核准在建 1.21 亿千瓦，居世界首位。总体来看，我国抽水蓄能电站发展历程大致可分为五个阶段。

（1）产业起步期（1968—1983年）

为了更好地解决电网调峰需求，依托具有调节能力的水库电站增加可逆式机组，建设混合式抽水蓄能电站是一种有益尝试。岗南水库是冀南电网重要调节水库，1968年我国在河北岗南水库安装了1台从日本引进的容量为1.1万千瓦的抽水蓄能机组，拉开了我国抽水蓄能电站建设的序幕。1972年在北京密云水库安装了2台单机容量为1.1万千瓦的国产抽水蓄能机组。这两个项目为我国抽水蓄能电站建设的开端。

（2）探索发展期（1984—2003年）

1984年，以潘家口抽水蓄能电站开工建设为标志，我国抽水蓄能电站进入第一个建设高峰。广东大亚湾核电站和浙江秦山核电站的建设，推动了广州抽水蓄能电站和天荒坪抽水蓄能电站的建设。这2个抽水蓄能电站都装配了具有世界先进水平的高水头（>500米）、大容量（30万千瓦）、高转速（500转/分钟）机组，工程建设、项目管理均具世界先进水平，并培养了一批管理、设计、施工、监理等工程建设人才。1988年7月，总装机容量240万千瓦的广州抽水蓄能电站开工建设，其中一期工程4台30万千瓦机组于1994年3月全部建成投产，二期工程在2000年全部建成。同期开工的北京十三陵抽水蓄能电站，装机容量80万千瓦，1995年12月第1台机组投产发电，1997年6月4台机组全部投产，对缓解首都用电高峰期电力供应紧张、保障区域电网的安全稳定运行起到了十分重要的作用；浙江天荒坪抽水蓄能电站装机容量180万千瓦，于1994年3月正式开工建设，2000年全部投产。这一时期，开展前期筹建工作的还有山东泰安、河北张河湾、浙江桐柏、安徽响水涧、山西西龙池、安徽琅琊山、河南天池等抽水蓄能电站项目。

（3）完善发展期（2004—2013年）

2004年，《国家发展改革委关于抽水蓄能电站建设管理有关问题的通知》明确抽水蓄能电站主要由电网经营企业进行建设和管理。随后，国家电网公司成立国网新源控股有限公司，南方电网公司成立南方电网调峰调频发电有限公司，进行抽水蓄能专业建设管理及运营。以此为标志，我国抽水蓄能发展进入完善发展期。这一时期，河北张河湾、山东泰安、浙江桐柏、福建仙游等15座抽水蓄能电站建成投产，我国抽水蓄能电站装机规模跃居世界第三。河北张河湾抽水蓄能电站是河北省最大的抽水蓄能电站，也是利用亚洲开发贷款建设的公益性电力项目以及2008年北京奥运会用电项目，电站装机规模100万千瓦，安装4台25万千瓦的单级混流可逆式机组，2007年12月首台机组投产，2008年建成。山东泰安抽水蓄能电站是山东省第一座大型抽水蓄能电站，下水库利用加固改建后的大河水库，电站总装机容量100万千瓦，安装4台25万千瓦的单级混流可逆式机组，2000年2月开工建设，2005年12月首台机组投产，2007年建成。在抽水蓄能规模迅速提升的同时，我国抽水蓄能在选点规划、技术标准、设备制造等方面的政策、体系也日趋完善，基本形成一套成熟的体系。

（4）蓬勃发展期（2014—2020年）

2014年，国务院印发《关于创新重点领域投融资机制鼓励社会投资的指导意见》，国家发展改革委也相继出台《关于完善抽水蓄能电站价格形成机制有关问题的通知》《关于促进抽水蓄能电站健康有序发展有关问题的意见》，明确了抽水蓄能电站实行两部制电价，并鼓励社会资本投资抽水蓄能电站。这一时期，抽水蓄能电站建设规模屡创新高，共核准开工36座抽水蓄能电站，开工规模4638万千瓦。从2017年开始，连续多年我国抽水蓄能在运、在建规模均居世界第一。这一时期，开工建设了河北丰宁、广东阳江、浙江仙居等一批典型项目。河北丰宁抽水蓄能电站紧邻京津冀负荷中心和冀北千万千瓦级新能源基地，总装机容量360万千瓦，安装12台单机容量30万千瓦机组，是世界装机容量最大的抽水蓄能电站，2021年12月首批2台机组投产发电，创造了我国抽水蓄能发展史上多个记录。浙江仙居抽水蓄能电站总装机容量150万千瓦，安装4台单机容量37.5万千瓦机组，是当时国内已建单机容量最大的抽水蓄能电站，于2010年开工，2016年全面建成投产。广东阳江抽水蓄能电站装机容量240万千瓦，安装6台单机容量40万千瓦机组，单机容量国内最大；最高水头超过700米，是国内在建同类型电站中水头最高的电站之一，2021年11月电站首台机组投产发电。

（5）新发展阶段（2021年至今）

2021年4月，国家发展改革委印发《关于进一步完善抽水蓄能价格形成机制的意见》，对两部制电价政策、费用分摊疏导机制等各方关切的问题都进行了明确的规定。9月，国家能源局印发《抽水蓄能中长期发展规划（2021—2035年）》，从全产业体系提出发展目标、重点任务及保障措施等。以上述两个文件为标志，我国抽水蓄能电站发展进入了新发展阶段。从发展思路看，抽水蓄能从电力系统发展的奢侈品转变为系统发展的必需品，数量由少变多，布局更加多元。从服务对象看，抽水蓄能由原来的满足电力系统调峰、填谷、调频、调相的功能，到发挥储能作用构建多元化一体化基地的新业态，服务对象更加多元，业态发展更加创新。

2022年，抽水蓄能当年新增投产装机容量880万千瓦，核准开工抽水蓄能电站48座（总规模6890万千瓦）。其中，作为"十四五"重点实施项目的浙江天台抽水蓄能电站，设计总装机容量170万千瓦，计划安装4台单机容量42.5万千瓦可逆式机组，电站额定水头724米为世界最高，单机容量位居国内抽水蓄能电站之首。

2022年4月，国家发展改革委、国家能源局联合印发通知，部署加快"十四五"时期抽水蓄能项目开发建设。同时，各省级层面开始研究本省抽水蓄能项目管理措施，对推动抽水蓄能高质量发展具有重要作用。

我国抽水蓄能电站装机容量如图1.10所示。

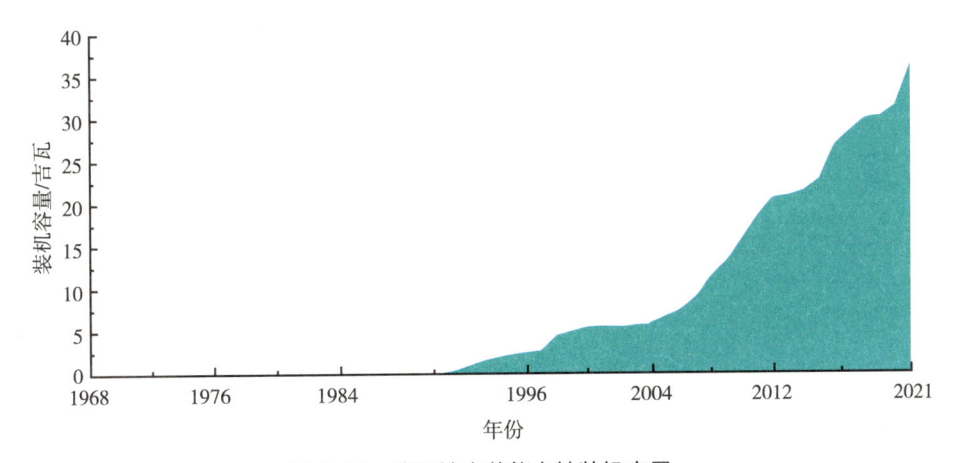

图1.10 我国抽水蓄能电站装机容量

根据《中国可再生能源发展报告2022》，截至2022年年底，我国抽水蓄能电站已建投产总规模4579万千瓦，核准在建1.21亿千瓦。《抽水蓄能中长期发展规划（2021—2035年）》指出，到2030年抽水蓄能投产总规模1.2亿千瓦左右；规划布局重点实施项目340个，总装机容量约4.2亿千瓦；储备了247个项目，总装机容量约3.1亿千瓦。

我国抽水蓄能电站已建、在建规模均居世界首位。经过几十年的发展，特别是丰宁、敦化、阳江、长龙山等一批具有世界先进水平的抽水蓄能电站的相继建成，电站建设技术水平不断提升。目前，我国抽水蓄能已形成涵盖规划设计、工程建设、装备制造、运营维护的全产业链发展体系。

1.5.3 我国抽水蓄能电站的发展趋势

（1）抽水蓄能电站与新能源联合运营

随着以新能源为主体的新型电力系统建设，风电、光伏等间歇性新能源进入快速发展并网运行。通过发挥抽水蓄能电站的调节性能，与风电、光伏等多种间歇性能源互补联合运营，可实现电能的高质量输出和利用，保障大电网的安全。

通过构建风能、光能与抽水蓄能互补的联合运营模式，能够实现多能互补的多边收益及电力系统安全稳定运行的目标，获得最优的联合运营综合收益。

（2）变速机组抽水蓄能电站

变速抽水蓄能机组具有自动跟踪电网频率变化和高速调节有功功率等特点，能准确、快速地对电网频率进行调节。随着风、光等新能源在电网中大规模高比例地迅速增长，电网需要响应能力快、调节容量大、运行灵活的运行方式，减小新能源电源因稳定性差对电网产生的冲击。因此，具有调节范围宽、响应快、运行灵活等性能优势的变速抽水蓄能机组，在新型电力系统中发挥更加重要的作用，保障电网安全稳定运行，同时大幅提升电网的新能源吸纳能力。变速抽水蓄能技术已在日本、欧洲等发达国家得到应用，我国丰宁抽水蓄能电站也首次采用了两台变速机组，未来国内将会有更多的变速机组抽水蓄能电站。

（3）海水抽水蓄能电站

国家海洋事业发展自"十二五"规划便提出要推进海水资源综合利用和提升海洋可再生能源的利用率。我国拥有丰富的自然海水资源，建设海水抽水蓄能是开发海洋资源、解决沿海大规模可再生能源消纳的一种重要方式，同时也可以填补国内海水抽水蓄能电站工程的空白。海水抽水蓄能电站目前面临海水腐蚀机电设备、海水渗漏污染周边环境等一系列难题以及众多技术挑战，加强海水抽水蓄能关键技术研究、采取合理解决方案，将在国内具有广阔的应用前景。通过借鉴国外海水抽水蓄能技术经验，结合国内抽水蓄能工程实践，可以为我国海水抽水蓄能的未来发展指明方向。

（4）抽水蓄能电站智能化

物联网技术是实现抽水蓄能电站数字化、智能化的核心。通过智能网络和物联网技术，实现抽水蓄能电站设备、系统之间的交互联动、协调工作，并通过与智能电网的信息交互、信息共享，完成抽水蓄能电站新型源网协调需求的目标。随着抽水蓄能电站建设与互联网技术的快速发展，抽水蓄能电站智能化是未来发展的主要目标和全新方向。与此同时，人工智能技术在抽水蓄能电站开发建设和运营管理过程中的应用，在促进抽水蓄能电站智能化建设、可再生能源并入电网、保障电站安全稳定等方面将发挥重要作用。

（5）混合式抽水蓄能电站

混合式抽水蓄能电站是结合常规水电站建设的，包括常规混合式和梯级混合式两种。常规混合式抽水蓄能是利用常规水电站水库做上水库或下水库，修建一个下水库或上水库，同时增建可逆机组或抽水泵而建成的抽水蓄能电站；梯级混合式抽水蓄能是利用同流域的两座梯级水电站，通过增建可逆机组或抽水泵而建成的抽水蓄能电站。与新建抽水蓄能电站相比，将常规水电站改建成混合式抽水蓄能电站，具有投资小、建设快、水库淹没环境影响小等优点。由于利用了已有的上游、下游水库，只是增加了装机容量，工程投资增加不多，而发电量和容量效益大幅度增加。我国已建成的混合式抽水蓄能电站有潘家口、响洪甸、天堂、白山、佛磨、羊卓雍湖等，除此之外我国目前在规划的电站也有许多，例如紧水滩混合式抽水蓄能电站、安康混合式抽水蓄能电站。混合式抽水蓄能电站能够提升常规水电的调控能力，但是，未来建成之后如何进行协调改建新建电站运行，发挥电站最大效能，需要进一步深入研究。

1.6 水风光多能互补

充分利用和大力开发水、风、光等可再生能源资源是我国在2060年前实现碳中和目标的重要途径。过去十多年，我国新能源发电实现了前所未有的发展。然而，受限于风电、光伏发电固有的间歇、不可控发电特性以及其他综合因素，新能源消纳问题突出，特别是伴随并网规模的快速扩大，巨大的灵活性需求带来的弃电风险、高比例清洁能源系统安全稳定运行等问题越来越突出。多能互补是国际公认的破解新能源消纳难题的可行途径之一，核心在于如何通过水、火、储等灵活性电源平抑风、光等新能源发电的间歇性和随机性，以提高电网运行电能的质量和可靠性，提升现有通道利用率，有效解决风电、光伏发电大规模集中上网的运行难题。我国储能总体规模较小，约为4300万千瓦，以抽水蓄能为主，与风光发电规模有数量级差异，难以支撑目前新能源几亿千瓦以及未来几十亿千瓦的集中消纳需求；常规水电技术成熟、具有优质的调节能力，是我国目前发电规模最大的清洁能源，与消纳风光发电的规模匹配性较好。

1.6.1 国外水风光多能互补的发展现状

20世纪80年代以来，人们开始研究风能和太阳能的综合利用。此后，多源互补发电系统技术越来越受到人们的重视。最早的风能与太阳能组成的多源发电系统是由丹麦科学家布什提出的，但他只是将这两种能源融合在一起，并未研究这两种能源的发电控制及出力协调配合。

目前，国外相关机构已从多个角度对水风光互补开发和调度运行开展了广泛实践，无论是大范围（跨国）的区域多能互补还是在局部地区和微电网内的多能互补都取得了长足的进展。如挪威和丹麦，挪威具有丰富的水电资源，有较强的调节能力；丹麦风能资源丰富，是世界最早开发风力的国家之一，随着风电规模的增大,丹麦电网自身调峰矛盾日益突出。依托北欧电网,借助于北欧电力市场,通过挪威的水电调节丹麦的风电,形成跨国的水风互补运行,取得良好效果,这是丹麦成为欧洲风电消费占比最高的最重要的原因之一。近年来随着挪威—丹麦、挪威—德国、挪威—英国的海底电缆通电,挪威的水电有望成为整个欧洲地区的风电、光伏等新能源良好的调节和储能资源,通过海底电缆,实现水风光大范围跨季互补,促进了欧洲地区的新能源消纳。

另外,分布式新能源与小型抽水蓄能协同开发利用,实现负荷侧的新能源与抽水蓄能的互补开发,也为水风光多能互补提供了新的开发模式和思路。德国马克斯·博格公司提出了"水电池"的新概念,并在德国盖尔多夫试点应用,该试点项目位于林普格山斯瓦比亚-弗兰科尼亚森林中,风电机组的基础被用作上部蓄水池,并通过地下压力管道连接到山谷中的抽水蓄能电站。当风电出力较大,高于计划出力时,抽水蓄能机组运行在抽水工况,将多余的风电从下游蓄水池中泵入风电机底部的上游蓄水池中,进行储能;当风电出力较小时,抽水蓄能机组运行在发电工况。通过风电与抽水蓄能协同,实现风电的持续可靠供电。

因此,水电作为灵活调节资源,可以实现不同规模的水风光互补协同开发利用,平抑新能源的波动性和随机性,促进新能源消纳。

1.6.2 我国水风光多能互补的发展现状

自新能源并网运行开始,水电、火电等常规能源,特别是水电就与新能源开展了不同程度的多能互补运行。随着新能源并网规模的不断增大,常规电源的运行状态也发生明显改变:水电机组为了与新能源(尤其是光伏)的发电特性相适应,往往采用"午间低、晚峰高"的运行模式;火电机组调峰运行已成为常态,且开展了大规模灵活性改造工作,不断提升调节能力;为配合风电、光伏运行,抽水蓄能电站已由以往的单发单抽运行模式,逐步转变为目前的双发双抽运行模式。水风光火储多能互补运行已经成为电力系统多能互补的常态,有效提升了新能源的消纳水平,我国新能源利用率达到世界先进水平。

2004年,广东南澳5.4万千瓦/100千瓦风光互补发电场成功并网,成为我国第一个正式商业化运行的风光互补发电系统。2012年,甘肃玉门昌马9000千瓦风光互补发电示范项目成功实现并网发电。

2013年,依托已建成的龙羊峡水电站,在水库左岸建设了85万千瓦、年发电量13.03亿千瓦·时的光伏电站,是当时世界最大的水光互补项目,送出线路年利用小时由原单体水电运行设计的4621小时提高到5078小时。多年来,龙羊峡水光互补项目为水风光一体化建设、管理、运营等储备了技术、积累了经验、培养了人才。

四川省甘孜州的柯拉一期光伏电站并网发电，标志着全球首个百万千瓦级水光互补电站正式投产。该电站对构建新型能源体系，实现"双碳"目标具有示范和引领作用。柯拉一期光伏电站是雅砻江两河口水电站水光互补一期项目，场址最高海拔4600米，装机100万千瓦，占地16.67平方千米。电站通过500千伏输电线路接入距离50千米、装机300万千瓦的两河口水电站，实现光伏发电和水电的"打捆"送出。柯拉一期光伏电站是全球最大、海拔最高的水光互补项目，投资约50亿元，年平均发电量20亿千瓦·时，每年可节约标准煤超60万吨、减少二氧化碳排放超160万吨。

为加快推进多能互补建设，提高能源系统效率，增加有效供给。国家在政策方面给予了大力支持。2007年，国家发展改革委等部门制定的《节能发电调度办法（试行）》中就对各类机组的开机顺序作出了明确规定。首先是无调节能力的风能、太阳能、海洋能、水能等可再生能源发电机组，然后是有调节能力的水能、生物质能、地热能等可再生能源发电机组和满足环保要求的垃圾发电机组，最后是核能发电机组等。从多能协同运行来看，这也是一种多能互补的规则。2016年7月，国家发展改革委、国家能源局在《关于推进多能互补集成优化示范工程建设的实施意见》中明确提出了两种多能互补模式。一是面向终端用户电、热、冷、气等多种用能需求，因地制宜、统筹开发、互补利用传统能源和新能源，优化布局建设一体化集成供能基础设施，通过天然气热电冷三联供、分布式可再生能源和能源智能微网等方式，实现多能协同供应和能源综合梯级利用；二是利用大型综合能源基地风能、太阳能、水能、煤炭、天然气等资源组合优势，推进风光水火储多能互补系统建设运行。

2022年3月，国家能源局综合司下发《关于开展全国主要流域可再生能源一体化规划研究工作有关事项的通知》，要求"依托主要流域水电开发，充分利用水电灵活调节能力和水能资源，兼顾具有调节能力的火电，在合理范围内配套建设一定规模的以风电和光伏为主的新能源发电项目，建设可再生能源一体化综合开发基地，实现一体化资源配置、规划建设、调度运行和消纳，提高可再生能源综合开发经济性和通道利用率，提升水风光开发规模、竞争力和发展质量，加快可再生能源大规模高比例发展进程"。目前雅砻江、金沙江等多个流域的一体化规划研究工作已基本完成。

1.6.3 水风光多能互补发展的研究展望

水风光多能互补开发、互补运行将是我国目前及未来的发展方向，基础理论与关键技术参见图1.11。

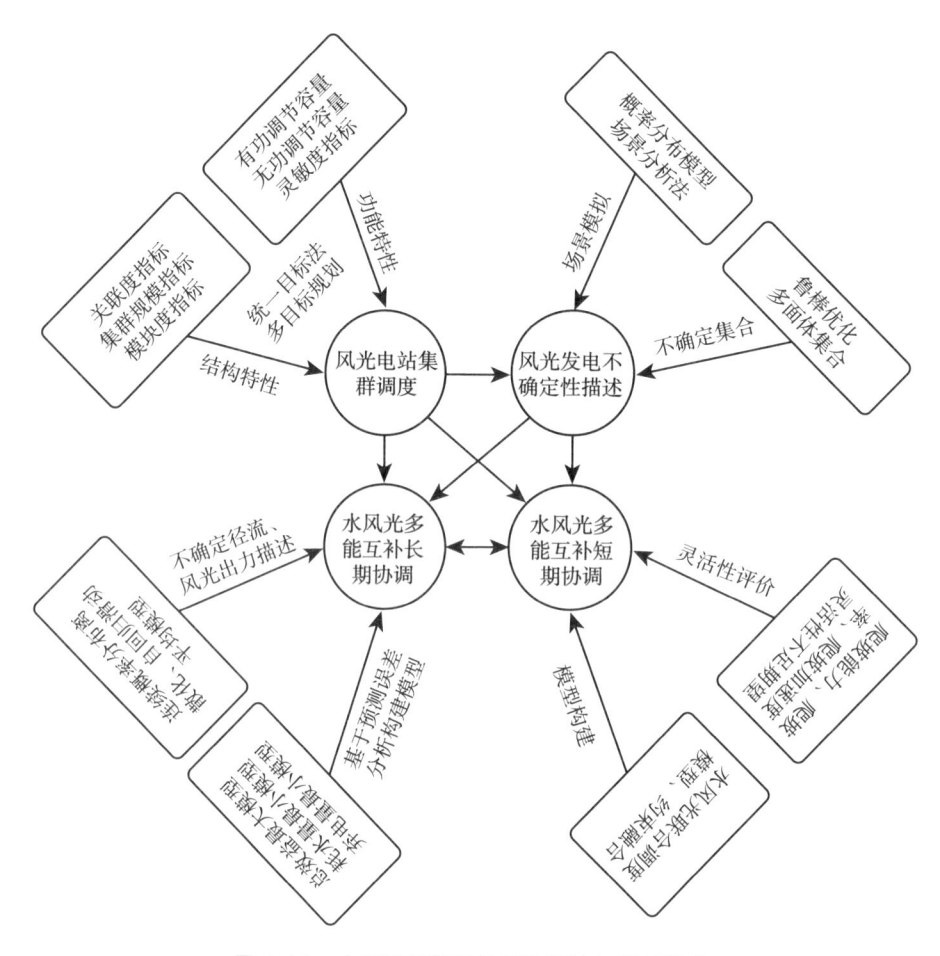

图 1.11 水风光多能互补基础理论与关键技术

水风光多能互补发电系统是一个高度复杂的系统，未来，随着电力系统新能源占比的不断提高，流域水电扩机增容，大型抽水蓄能电站以及各类新型储能项目建成投运，特别是流域水风光一体化开发的实施和沙戈荒等新能源基地进一步建成投运，水、风、光以及多种能源间互补运行规模更大、范围更广、效益更高、形式更多。水电在新型电力系统建设中承担的任务将逐步转向"发电与调节功能并重"，为风电和光电提供容量和电量补偿，有效减少风电和光电的波动性和间歇性对电网造成的不利影响。大规模的水风光多能互补系统将呈现大容量、大机组、复杂并网、多种能源参与的特点，不仅对多能高效互补运行提出了挑战，也对规划建设提出了更高要求。如何利用先进技术和理论，特别是人工智能技术，深入研究水风光发电特性和互补机理，提高规划建设水平，提升风光水储等多能互补运行的效率，提高能源供给可靠性是亟须研究的重点。此外，参与水风光多能互补的主体还会进一步向负荷侧拓展，会出现更多的局部和微电网内的水风光多能互补项目。

参考文献

[1] 2022 Hydropower Status Report Sector trends and insights. International Hyower Association,2022.

[2] 2021 Hydropower Status Report Sector trends and insights. International Hyower Association,2021.

[3] 任岩.风光抽蓄复合发电系统的建模与优化[D].南京:河海大学,2012.

[4] 徐键.水风光互补发电控制策略与并网控制研究[D].南昌:南昌工程学院,2019.

[5] 孙艺轩.基于多能源互补特性的水风光短期优化调度[D].大连:大连理工大学,2020.

[6] 熊化琳.水风光互补发电系统容量配置与优化调度[D].西安:西北农林科技大学,2022.

[7] 比尔·盖茨,陈召强译.气候经济与人类未来[M].北京:中信出版集团,2021.

[8] 岗南水电站—中国第一座混合式抽水蓄能电站[J].河北水利,2019(2):20.

[9] 陈宏宇,陈同法,秦晓宇,等.混合式抽水蓄能电站选点条件分析[J].水电与抽水蓄能,2017,3(4):28-31,44.

[10] 刘新鹏.论以常蓄混合式水电站型式开发水电资源[C]//抽水蓄能电站工程建设文集(2021),2021:25-32.

[11] 李德智,龚桃荣.用户侧多能互补微能源网的规划方法[J].中国电力,2019,52(11):68-76.

[12] 陈涛,吴高翔,周念成,等.西南地区用户侧综合能源系统优化配置[J].可再生能源,2021,39(11):1522-1529.

[13] 袁湘华.澜沧江流域水风光多能互补基地建设实践探索研究[J].水电与抽水蓄能,2022,8(2):12-15.

[14] 许昌,钟淋涓,等.风电场规划与设计[M].北京:中国水利水电出版社,2014.

[15] 赵振宙,郑源,等.风力机[M].北京:中国水利水电出版社,2014.

[16] 薛桁,朱瑞兆,杨振斌,等.中国风能资源贮量估算[J].太阳能学报,2001(2):167-170.

[17] 朱兆瑞.应用气候手册[M].北京:气象出版社,1991.

[18] 朱蓉,王阳,向洋,等.中国风能资源气候特征和开发潜力研究[J].太阳能学报,2021,42(6):409-418.

[19] 宋丽莉,朱蓉,等.全国风能资源详查和评价报告[M].北京:气象出版社,2014.

[20] 张夏,梁金凤,柯国华.塔式、槽式光热电站系统配置的对比分析[J].电力勘测设计,2022(7):61-66.

[21] 董晓佳.太阳能光热发电最优发展路径研究[D].天津:天津师范大学,2022.

[22] 方时姣,朱云峰.碳达峰碳中和视域下能源经济发展论析[J].新疆师范大学学报(哲学社会科学版),2022,43(3):2,81-90.

[23] 常非凡.我国光热发电产业发展特征,瓶颈及政策建议[J].中国能源,2022,44(5):5.

[24] 杨永江,王立涛,孙卓.风、光、水多能互补是我国"碳中和"的必由之路[J].水电与抽水蓄能,2021,7(4):15-19.

［25］张琛，马伟. 合理开发水能资源走低碳经济发展道路［J］. 西北水电，2012（5）：4-8.

［26］尹明友. 浅议水能资源开发与生态环境保护问题［J］. 小水电，2010（2）：62-65.

［27］仇欣，肖晋宇，吴佳玮，等. 全球水能资源评估模型与方法研究［J］. 水力发电，2021，47（5）：106-111，145.

［28］黄凤岗. 水电站工程水能的计算方法研究［J］. 中国水能及电气化，2015（5）：59-62.

［29］袁汝华，毛春梅，陆桂华. 水能资源价值理论与测算方法探索［J］. 水电能源科学，2003（1）：12-14.

［30］鲁华. 我国经济可开发水能资源藏量丰富［J］. 能源研究与信息，1994（3）：39-40.

［31］兴华. 我国水能资源利用现状及开发前景［J］. 能源研究与信息，1999（2）：55-56.

［32］韩冬，赵增海，严秉忠，等. 2021年中国常规水电发展现状与展望［J］. 水力发电，2022，48（6）：1-5，72.

［33］崔岩，崔伟谊. 中国水能资源开发现状［J］. 科技信息，2009（21）：393.

［34］薛桁，朱瑞兆，杨振斌，等. 中国风能资源贮量估算［J］. 太阳能学报，2001（2）：167-170.

［35］沈檬，虞阳. 风电场风能资源经济可开发量评估探讨［J］. 城市建设理论研究（电子版），2011（31）.

［36］应有，申新贺，姜婷婷，等. 基于中微尺度耦合模式的风电场风资源评估方法研究［J］. 可再生能源，2021，39（2）：195-200.

［37］沈义. 我国太阳能的空间分布及地区开发利用综合潜力评价［D］. 兰州：兰州大学，2014.

［38］赵凤忠，于少杰. 抽水蓄能发电—资源综合利用的另一种形式［J］. 中国资源综合利用，2006，24（7）：2.

［39］宋云丽，严云籍，翟林博，等. 抽水蓄能电站建设的地理要素分析及GIS选址［J］. 云南水力发电，2022，38（4）：131-134.

［40］任岩，侯尚辰. 基于多能互补的抽水蓄能电站站址选择的研究［J］. 水电与抽水蓄能，2021，7（6）：37-39.

［41］赵会林，鲁新蕊. 抽水蓄能电站的选点原则［J］. 东北水利水电，2012，30（4）：1-2，71.

［42］高瑾瑾，郑源，李涧鸣. 抽水蓄能电站技术经济效益指标体系综合评价研究［J］. 水利水电技术，2018，49（7）：152-158.

［43］张克诚. 抽水蓄能电站水能设计［M］. 北京：中国水利水电出版社，2007.

［44］郑源，吴峰，周大庆. 现代抽水蓄能电站［M］. 北京：中国水利水电出版社，2020.

第 2 章 水风光资源特性与评估

水风光的资源特性与时空分布是水风光多能互补规划设计和运行的基础与依据。受自然因素的影响,风能和太阳能具有随机性、间歇性、波动性,并且在不同的时间和空间尺度上分布特性各异。水能资源的随机性在中长时间尺度上会随气候和气象条件发生显著变化,在极端气象条件下,也会在短时间内发生剧烈变化。水风光资源随时间变化直接影响其出力特性,对其进行评估是水风光多能互补系统优化设计和友好并网的关键和前提。

2.1 水能资源特性与评估

水能是指水体的动能、势能、压力能等能量资源,是一种清洁、绿色的可再生能源。水力发电的优势在于清洁、可再生、无污染和可调节,但是分布受限于水文、气候、地形、地貌等自然条件。

2.1.1 水能资源特性

(1) 清洁可再生性

水能发电是将势能转换为动能,通过推动水轮机产生电能,水能在转换为电能的过程中不发生化学变化,不排出有害物质,对空气和水体本身不产生污染,是一种优质可靠的清洁能源。水循环是整个生态圈的重要组成部分,大气降水(雨、雪等)会不断地对水资源进行补给,因此水能资源可被反复利用。

(2) 时空分布不均性

由于地形和气候的复杂原因,造成水能资源时间和空间上分布不均的特点。以我国为例,西南地区大江大河多,且地势变化大,水流湍急,蕴藏丰富的水能资源;华北地区多以平原为主,且由于降雨量较少,水资源短缺。从时间分布来看,降水量和径流量的年内、年际变化很大,并有枯水年或丰水年连续出现。全国大部分地区冬春少雨、夏秋多雨，东南沿海各省雨季较长较早。

（3）可调控性

受河川径流随机变化的影响，可利用的水能资源条件可以通过工程手段进行调控。对于水库调节能力比较弱的水电站，丰水期与枯水期、丰水年与枯水年的发电量往往相差很大。通过筑坝建库等工程手段，增加调蓄能力，提升水能资源利用效率。

（4）综合利用性

开发利用水能资源除可获得发电效益外，还可兼顾防洪、灌溉、供水、航运、生态环境保护等效益。各个方面既相互促进、相辅相成，又相互影响、相互制约，因此要综合协调，以取得最大整体效益。

2.1.2 水能资源评估

水能资源评估是指导水能资源技术与经济开发利用的基础。广义水能资源包括河川水能、潮汐水能、波浪能、海流能等；狭义水能资源指蕴藏于河川和海洋水体中的势能和动能。反映水能资源量的一个重要指标是水能理论蕴藏量，其计算主要由河道上下游水位差和流量决定。

水能计算的任务是确定水电站工程的保证出力、多年平均发电量等水电站的功能指标，选定装机容量等水电站工程参变数。装机容量应该根据用电负荷需求、河流来水量等条件经济合理确定。

水能资源评估主要变量包括理论蕴藏量、技术可开发量和经济可开发量。

（1）理论蕴藏量

水力资源理论蕴藏量为河川或湖泊的水能能量（年水量与水头的乘积），以年电量和平均功率（年电量/8760小时）表示。其量值与是否布置梯级电站无关，采用分河段计算后累计。

（2）技术可开发量

指河川或湖泊在当前技术水平条件下可开发利用的资源量（年发电量和装机容量）。水能资源的技术可开发量以河流理论蕴藏量评估结果为基础，剔除不宜开发水电的河段资源。对可开发的河段，依据当前的水电开发技术水平开展梯级水电站布置，计算电站的装机、发电量等工程参数。可用整条河流布置梯级的装机总量或多年平均总发电量来表示该河流的技术可开发量。

（3）经济可开发量

指河川或湖泊在当前技术经济条件下，具有经济开发价值的资源量（年发电量和装机容量），即与其他能源相比具有竞争力且没有制约性环境问题和制约性水库淹没处理问题的水电站。经济可开发量是在技术可开发量的基础上，综合考虑影响水电投资的经济性因素，并与可对比的替代电源成本或受电地区可承受的电力成本（电价）进行对比，选出当前条件下整条河流中适宜开发的梯级电站，用其装机总量或多年平均总发电量来表示经济可开发量。

2.1.3 水能资源分布

我国水能资源丰富，居世界首位。我国已经形成十三大水电基地的总体规划和开发格局，对于我国实现水电流域梯级滚动开发，实行资源优化配置，带动西部经济发展都起到了极大的促进作用。十三大水电基地包括金沙江、长江上游、澜沧江干流、雅砻江、大渡河、怒江、黄河上游、南盘江红水河、东北三省诸河、湘西诸河、乌江、闽浙赣诸河和黄河北干流。实施雅鲁藏布江下游水电开发已列入我国"十四五"规划，一个大型水电基地逐步形成。

我国水能资源时空分布不均。在空间分布上，我国水能资源大部集中在西部地区，西部地区经济发展相对滞后，电力负荷较小，其水力发电除供应自身需求外，还要考虑远距离输送到中东部地区，实现全国电力平衡。在时间分布上，我国位于亚欧大陆的东南部，濒临海洋，具有明显的季风气候特点，因此，大多数河流在年际和年内分布不均，丰、枯季节流量相差巨大，需要兴建调节性水库进行水量调蓄。

长江上游支流雅砻江、大渡河、黄河上游、澜沧江等的装机容量规模都超过2000万千瓦，乌江、南盘江红水河的规模也超过1000万千瓦，水能资源的集中分布有利于实现"流域、梯级、滚动、综合"开发。

在大力发展生态文明，建设"美丽中国"的背景下，如何协调水能资源开发的社会刚性需求与生态环境和自然资源保护诉求已成为我国水能资源开发中亟须解决的问题。我国的水能资源富集于大江、大河，主要在西部地区。流域生态系统在整个生态系统中居于核心地位。我国西部，特别是西南部地区的生态脆弱，尤其应坚持"生态优先、绿色发展"的原则，坚持在保护中开发，在开发中保护，在水能资源开发利用过程中，必须协同生态、防洪、供水等多方面需求，以获取最优综合效益。

2.1.4 可开发水能资源

我国水能资源技术可开发量居世界首位。根据水能资源2021年复查统计成果，水力资源技术可开发量为6.87亿千瓦，年发电量约3万亿千瓦·时。我国水力资源技术可开发量及区域分布如图2.1所示。

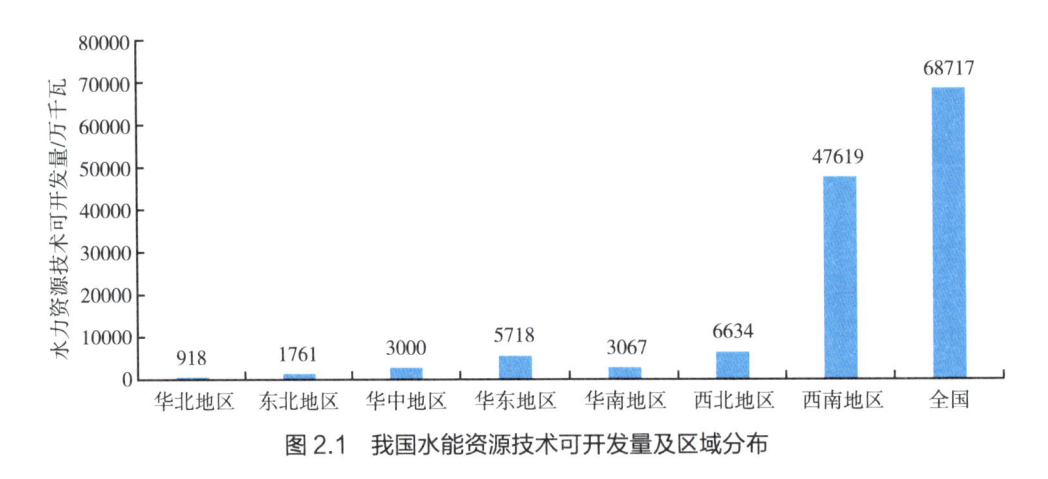

图 2.1 我国水能资源技术可开发量及区域分布

地区	水力资源技术可开发量/万千瓦
华北地区	918
东北地区	1761
华中地区	3000
华东地区	5718
华南地区	3067
西北地区	6634
西南地区	47619
全国	68717

从行政分区来看，未来水电开发将主要集中在西藏自治区。截至 2022 年年底，西藏自治区已建、在建水电装机规模仅占技术可开发量的 4% 左右，未来水电发展潜力巨大。

从流域分布来看，我国水能资源主要集中在金沙江、长江、雅砻江、黄河、大渡河、红水河、乌江和西南诸河等流域，上述流域规划电站总装机容量约 3.75 亿千瓦，占全国资源量的一半以上。截至 2022 年年底，上述主要流域已建常规水电装机规模 1.83 亿千瓦，占全国已建常规水电装机规模的约 49.8%。其中，乌江、红水河、大渡河、金沙江、长江上游等 5 条河流开发程度较高，已建、在建比例已达 80% 以上；雅砻江、黄河上游已建、在建比例为 70%～80%，还有一定的发展潜力。截至 2022 年年底，我国剩余水能资源约 2.93 亿千瓦，考虑水力资源开发的多方面制约因素，近期来看，全国潜在可开发水力资源为 1.1 亿～1.2 亿千瓦。

2.2 风能资源特性与评估

风能是清洁的可再生能源，大力开发利用风能资源是有效应对气候变化的重要措施。风能资源开发利用的主要方式是风力发电，利用风的动能，推动风力机做功产生机械能，通过发电机将机械能转化为电能。

2.2.1 风能资源特性

风能是太阳能的一种转化形式，来自大自然，取之不尽，用之不竭。太阳辐射不均匀导致风忽大忽小，时有时无。因此，风能具有随机性、波动性和间歇性 3 个重要特性。

（1）随机性

根据长期风速测量数据，风速的概率分布呈现一定的规律，可将风速视作服从某类概率分布的随机变量。大多数情况下，风速近似服从威布尔概率密度分布。

（2）波动性

风资源最显著的特性是其波动性。时间尺度上，风速特性的观察记录表明，风具有湍流特性，即短时间内风向和风速发生快速变化。10分钟时间内风速、风向随时间的瞬时变化过程如图2.2所示。风速在时间、空间尺度上持续变化，而其与风能之间的立方关系进一步突出风资源的波动性。

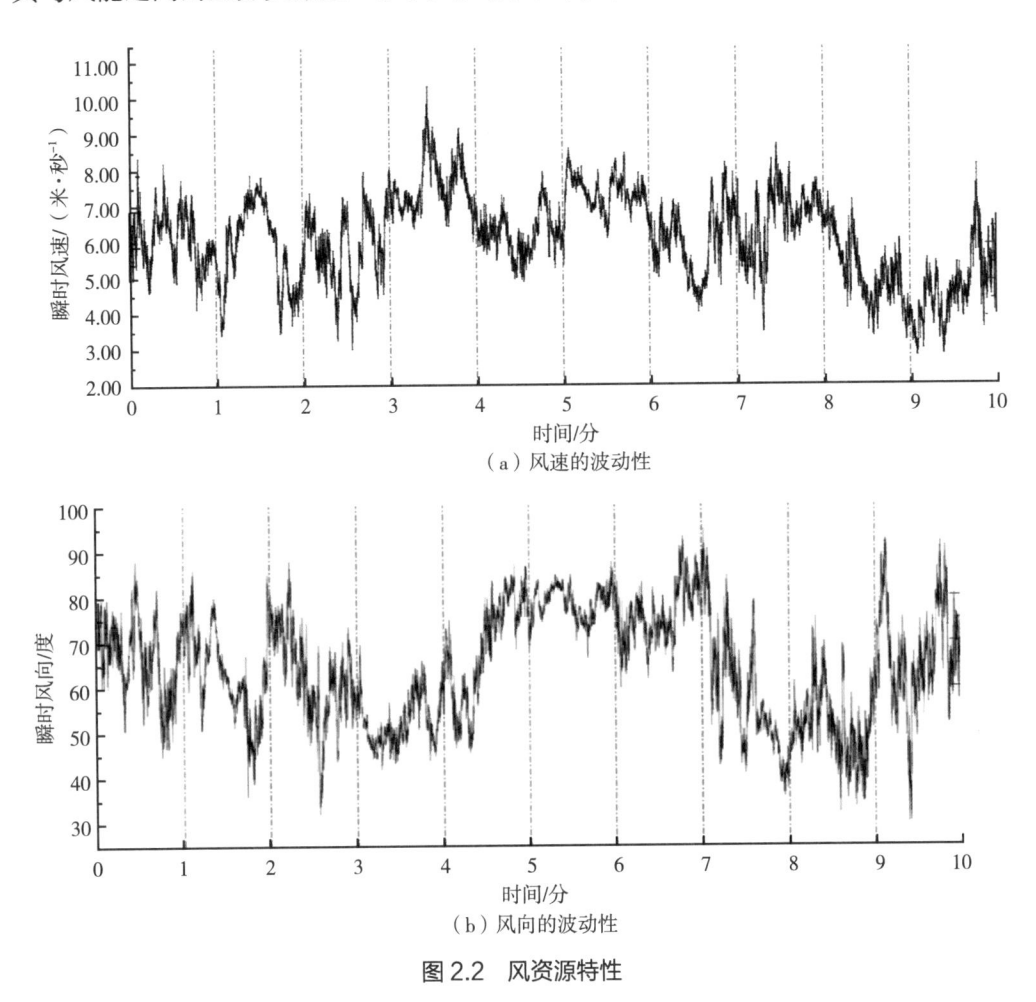

（a）风速的波动性

（b）风向的波动性

图2.2 风资源特性

（3）间歇性

风产生于气压梯度力，气压梯度力又是由太阳辐射造成的。太阳辐射具有日循环和季节循环的规律。风的间歇性也是风能利用中需要解决的难题。

2.2.2 风能资源评估

2.2.2.1 风能资源评价指标

在风资源的开发和利用过程中，风资源的评估处于非常重要的位置。风资源的评价指标主要有平均风速、风功率密度、风切变、湍流强度。

（1）平均风速

平均风速是对瞬时风速的数字滤波，用一段时间内各次观测的风速之和除以观测次数即可得到年平均风速，它是最直接而简单表示风能大小的指标之一。平均风速是反映风能资源的重要参数之一，可以是小时平均风速、月平均风速、年平均风速。年平均风速越高，该地区的风资源就越好。

（2）风功率密度

风功率密度是气流垂直通过单位面积（风轮面积）的风能，也是表征一个区域风能资源好坏的指标。由于风速是一个随机性很大的量，必须通过一定时间长度的观测来测算它的平均状况。因此，可以将一段时间（一般是1年）风功率密度的平均从而得到平均风功率密度。或者使用一段时间长度内风速的概率密度数据，经过积分计算出平均风功率密度。

（3）风切变

风矢量在特定方向上的空间变化叫风切变，通常分为水平切变和垂直切变。在风资源评估中，垂直切变通常指的是风电机组风轮高度范围内的风速变化，变化形态用风廓线来描述。主要有对数律风速廓线和指数律风速廓线两种形式，如图2.3所示。

（4）湍流强度

湍流是指风速、风向及其垂直分量的迅速扰动或不规律性，表示瞬时风速偏离平均风速的程度，是评价气流稳定程度的指标。大气湍流很大程度上取决于环境的粗糙度、空气稳定性和障碍物等方面，是风资源评估的重要内容，也是决定风电机组安全等级或设计标准的重要参数之一。湍流强度值在0.10或以下时表示湍流较小，当湍流强度值达到0.25时就表明湍流过大，一般海上湍流低于陆上。

2.2.2.2 风能资源评估数据来源

风电场的风资源评估，一般除收集当地气象站的近期30年的常规气象资料外，还应收集风电场场址范围实测测风资料，并整编风电场场址处至少连续一年的风速、风向资料，项目有效数据不宜少于1个完整年的90%。故一般在拟建风电场场址处设立测风塔，进行1～3年的连续风速、风向观测。此外，一般还会在测风塔位置同步安装气温、气压等观测设备。

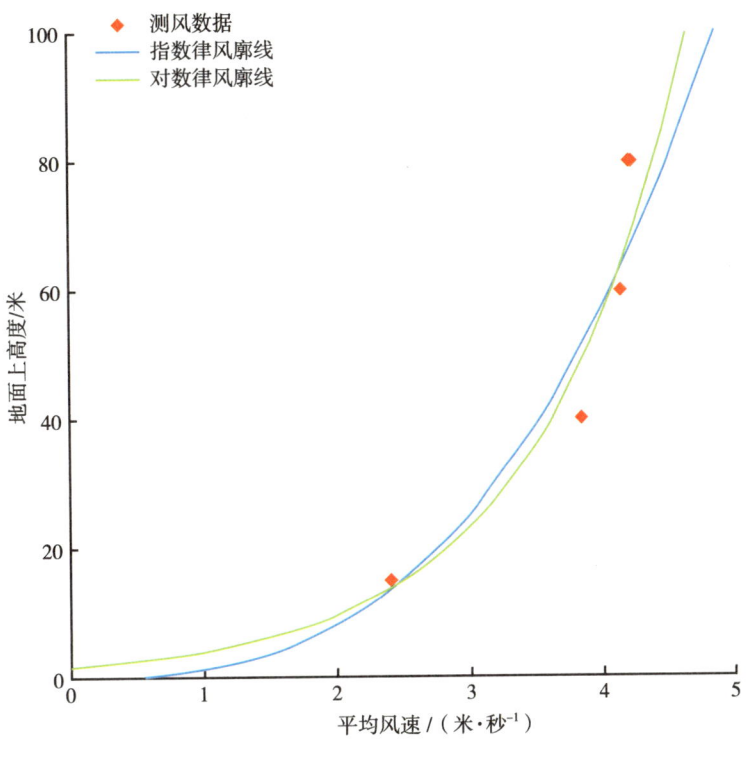

图 2.3 风速垂直切变廓线

（1）测风塔测风

测风塔主要用于测量风电场气象要素资料，尤其是对风速和风向的测量，从而评估风电场当地的风能情况。对风能资源进行测量和评估，直接关系到风电场效益，是风电场建设成功与否的关键。测风塔位置的风况宜代表观测区域的平均水平，测量位置宜避开场址最高、最低及其他与风电场主要地形、地貌或障碍物特征差异较大的地点。测风塔一般应布置不少于 4 层的风速观测，不少于 2 层的风向观测，2 层气温计、1 层气压计及 1 层湿度计。测风塔结构如图 2.4 所示。

（2）激光雷达测风

激光雷达测风仪是基于光的多普勒频移原理进行风速测量。激光雷达测风设备一般分为地面式和机载式 2 种，地面式又可分为扫描激光雷达和测风激光雷达。扫描激光雷达可以对一个空间流场进行扫描，展现出空间范围内风流动的特征，如图 2.5 所示。测风激光雷达可以测量垂直高度上的风速和风向，功能等同于测风塔，能够测量不同高度的风速，常用于风资源评估、风功率预测。机载式激光雷达是安装在风电机组机舱顶端的激光雷达测风装置，可以对风电机组正前方的流场进行测量，测风数据反馈给机组，可使机组提前预知来流的变化，主要应用于风电机组前馈控制、偏航矫正等。

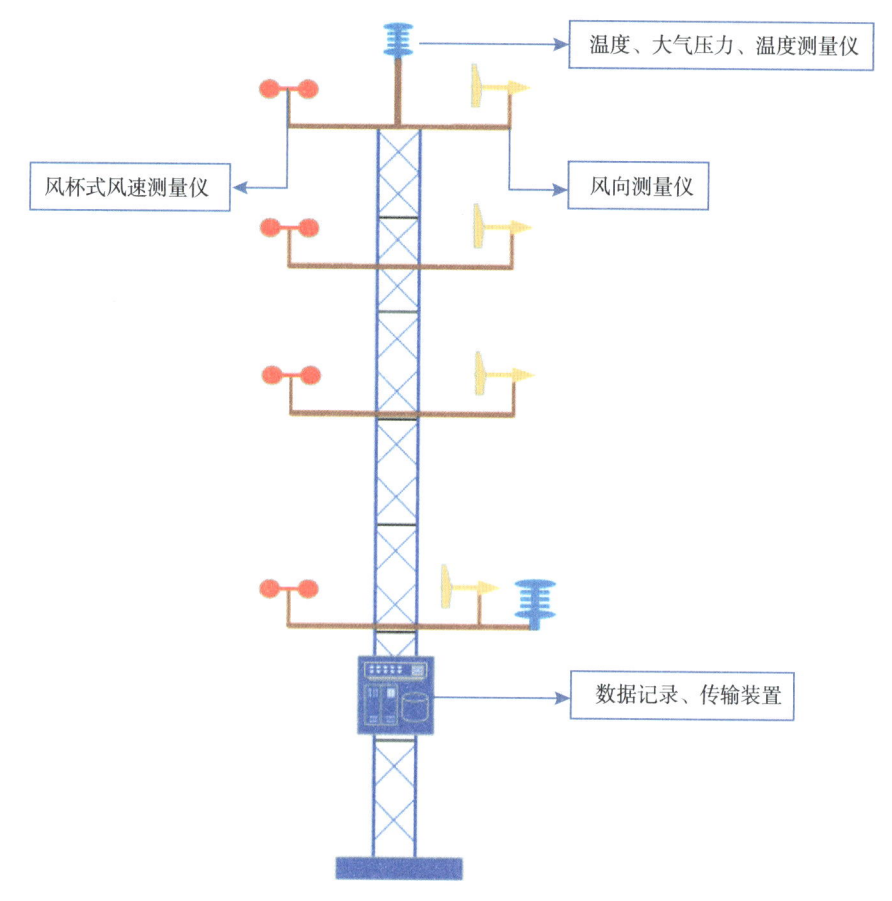

图 2.4　测风塔结构示意图

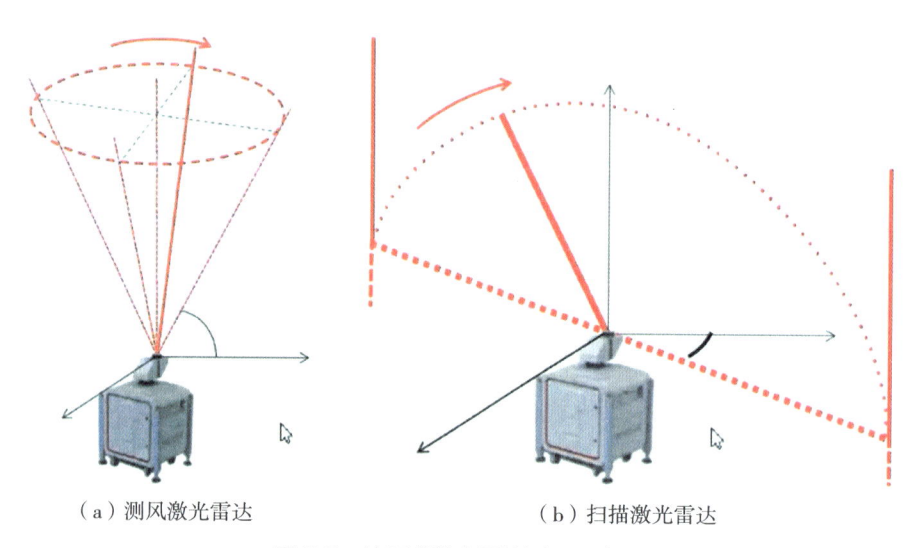

（a）测风激光雷达　　　（b）扫描激光雷达

图 2.5　地面式激光雷达测风示意图

（3）中尺度数据

除了上述依据测风塔和激光雷达测量风资源数据外，风资源数据还可以通过中尺度数据分析得到。目前世界上有多个中尺度参数数据库，这种中尺度参数相对于风电场内部的尺度较大，但也可以作为风资源评估的基础参数。常用的中尺度数据库如表2.1所示。

表2.1 中尺度数据的类型

中尺度数据库	来源	时间范围
NCEP FNL	美国国家气象局	1999年至今
MERRA2	美国航空航天局	1980年至今
ERA5	欧洲中期天气预报中心	1979年至今
CFSR	美国国家气象局	1979年1月—2017年11月
JRA-25	日本气象厅	1979年至今
WERAS/CMA	中国国家气象局	1981年至今

2.2.2.3 风能资源评估方法

风能资源评估前，需对所获得的测风数据进行验证，并对不合理和缺失的数据进行插补修复使之满足规范要求。一套质量满足要求、具有代表性的风能资源数据，才可开展风能资源评估，其评价内容一般包括以下几项：

（1）风的日、月变化规律

绘制风速风功率日变化曲线和年变化曲线，如图2.6和图2.7所示。

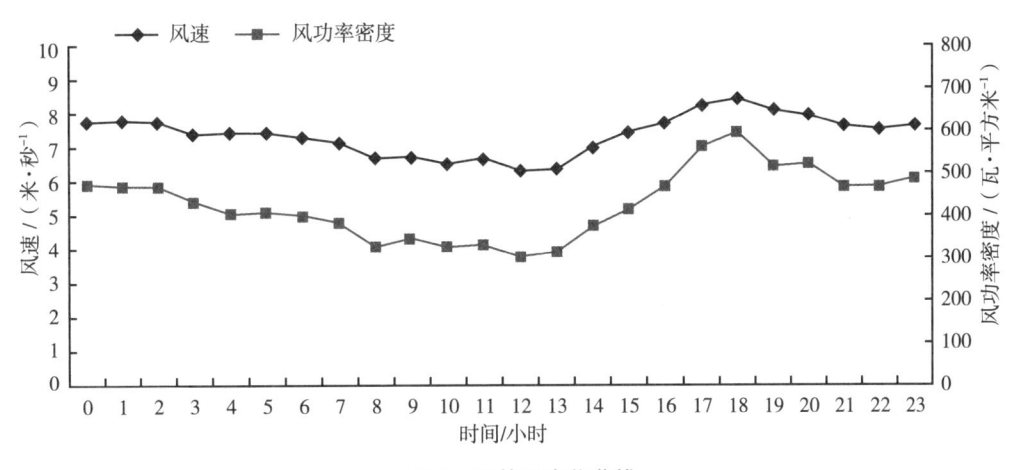

图2.6 风的日变化曲线

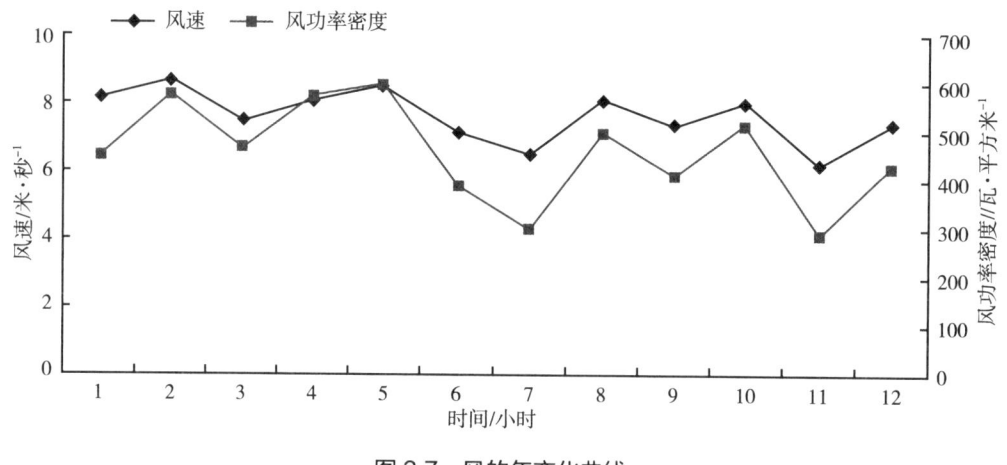

图 2.7 风的年变化曲线

（2）风速风向频率统计

根据统计结果绘制风向玫瑰图和风能玫瑰图，如图 2.8 和图 2.9 所示。

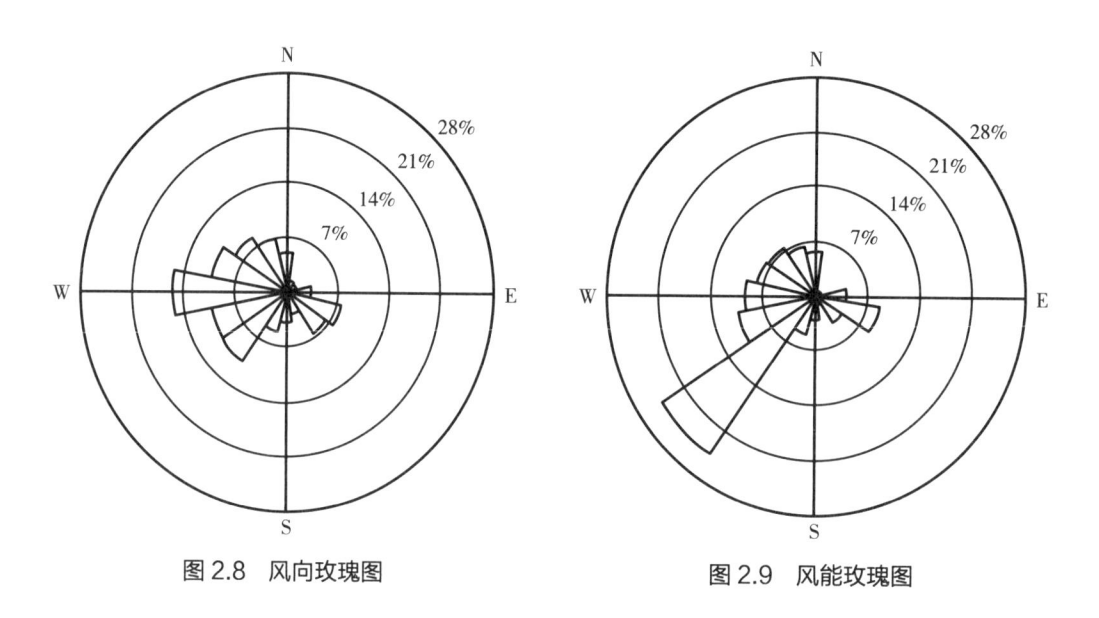

图 2.8 风向玫瑰图　　　　　图 2.9 风能玫瑰图

（3）年有效小时数

主要统计在切入风速和切出风速之间的完整年风速累计小时数。因采用的不同风机切入和切出风速不同，年有效小时数对应具体风机的统计数据。

（4）风速频率和风能频率

风速频率是给定时段内在每个风速区间里风速出现的频数，风能频率是给定时段内每个风速区间具有的风能与该时段内风能总量之比，均以 1 米/秒为一个风速区间统计，用百分率（%）表示。每个风速区间统计风能频率时用中间值代表，如用 5 米/秒风速代表 4.6～5.5 米/秒区间的风速。根据统计结果绘制各等级风速频率图和风能频率图，如图 2.10 所示。

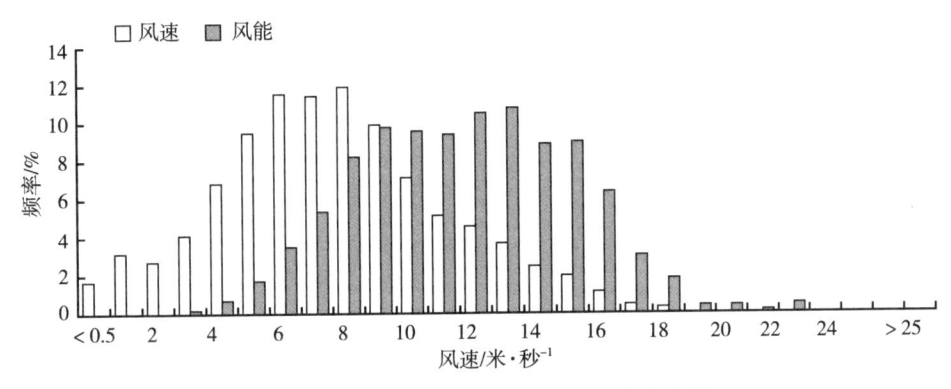

图 2.10 全年的风速、风能频率分布直方图

2.2.2.4 风能资源划分标准

根据《风电场工程风能资源测量与评估技术规范》（NB/T 31147—2018），风功率密度等级被划分为 D-1、D-2、D-3 和 1～7 共 10 个风功率密度等级，具体划分标准见表 2.2 和表 2.3。

表 2.2 10～70 米高度风功率密度等级划分标准

风功率密度等级	10 米高度 风功率密度（瓦/平方米）	10 米高度 年平均风速（米/秒）	30 米高度 风功率密度（瓦/平方米）	30 米高度 年平均风速（米/秒）	50 米高度 风功率密度（瓦/平方米）	50 米高度 年平均风速（米/秒）	70 米高度 风功率密度（瓦/平方米）	70 米高度 年平均风速（米/秒）
D-1	<55	3.6	<90	4.2	<110	4.5	<120	4.7
D-2	55～70	3.9	90～110	4.5	110～140	4.9	120～160	5.1
D-3	70～85	4.2	110～140	4.9	140～170	5.3	160～200	5.5
1	85～100	4.4	140～160	5.1	170～200	5.6	200～240	5.9
2	100～150	5.1	160～240	5.9	200～300	6.4	240～350	6.7
3	150～200	5.6	240～320	6.5	300～400	7.0	350～460	7.3
4	200～250	6.0	320～400	7.0	400～500	7.5	460～570	7.9
5	250～300	6.4	400～480	7.4	500～600	8.0	570～690	8.4
6	300～400	7.0	480～640	8.2	600～800	8.8	690～910	9.2
7	400～1000	9.4	640～1600	11.0	800～2000	11.9	910～2180	12.3

表 2.3 80～120 米高度风功率密度等级划分标准

风功率密度等级	80 米高度 风功率密度（瓦/平方米）	80 米高度 年平均风速（米/秒）	90 米高度 风功率密度（瓦/平方米）	90 米高度 年平均风速（米/秒）	100 米高度 风功率密度（瓦/平方米）	100 米高度 年平均风速（米/秒）	120 米高度 风功率密度（瓦/平方米）	120 米高度 年平均风速（米/秒）
D-1	≤130	4.8	≤140	4.9	<150	5.0	<160	5.1
D-2	130～170	5.2	140～180	5.3	150～190	5.4	160～200	5.5
D-3	170～210	5.6	180～220	5.7	190～230	5.8	200～250	5.9
1	210～250	6.0	220～270	6.1	230～280	6.2	250～300	5.3
2	250～370	6.8	270～400	7.0	280～410	7.1	300～450	7.3
3	370～490	7.5	400～520	7.6	410～540	7.7	450～580	7.9
4	490～600	8.0	520～650	8.2	540～670	8.3	580～720	8.5
5	600～740	8.6	650～770	8.7	670～800	8.8	720～880	9.1
6	740～970	9.4	770～1000	9.5	800～1070	9.7	880～1140	9.9
7	970～2350	12.6	1000～2450	12.8	1070～2570	13.0	1140～2750	13.3

2.2.3 风能资源分布

我国幅员辽阔，为典型季风气候国家，南北纵跨 9 个气候带，气候类型多样，同时风能资源丰富区还存在台风、雷电、极端低温、覆冰等天气的影响，因此导致风资源分布呈多样性，可以从空间上和时间上分析其分布规律。

2.2.3.1 我国风能资源空间分布特征

我国陆地风功率较大的区域主要分布在三北地区、东部沿海地区、青藏高原和云贵高原部分地区。

（1）新疆、甘肃、内蒙古、东北等三北地区

冬季受西伯利亚和蒙古高压冷空气入侵，加上其上风向是戈壁和草原等，平坦开阔的地形、植被稀少的地貌使冬季风长驱直入，风速强劲、风向稳定。同时新疆阿尔泰山和天山、甘肃河西走廊的狭管效应，增大了局部地区风速，使三北地区风能资源总体均较为优异，开发潜力远大于其他地区。

（2）东南沿海及其岛屿

东南沿海是我国夏季季风发源地，又有海陆风的影响，还有海洋台风作用，整体上风能丰富。东南沿海受台湾海峡的影响，狭管的加速效应使风速增大，这里是我国风能资源极佳的地区。

（3）云贵高原

冬春季受西风带南北两支高空急流在高原上空通过影响，出现阵性偏西大风，夏季主要受西南季风影响，风向仍以西南风为主；同时受超过 2000 米高海

拔、横断山脉和局部狭管效应特殊地形的作用，导致地形风较为普遍。

（4）青藏高原

该地区风能密度较高，首先，来源于经过其高空的西风急流，在冬春季西风急流强盛的时候，高原的热力作用较强，容易引起大气层结不稳定，上下层的空气对流强烈，西风急流携带的动量随着空气对流向下输送，形成了高原近地面的大风速；其次，昆仑山脉、喜马拉雅山系、冈底斯山的走向，为当地地形风的形成提供了加速条件；最后，冰川风也是青藏高原风力形成的重要影响因素。

2.2.3.2 我国风能资源时间分布特征

我国风能资源季节差异明显，一般来说，春季最大，冬季次之，秋季较小，夏季最小。华北和西北地区，平均风功率密度较大的季节是冬春季，最大值出现在3月，东北地区的最大值出现在4月，中部和西南地区的最大值通常出现在2月，东部沿海有春季和秋季两个风功率密度较大的时段。

2.2.4 可开发风能资源

可开发风能资源主要包括理论蕴藏量、资源可开发量、技术可开发量以及重点实施项目4个方面。

（1）风能资源理论蕴藏量

风能资源理论蕴藏量是指评估区域内一定高度上可利用的风的总动能，理论蕴藏量不考虑从动能至电能的能量转换效率。通过第三次全国风能资源普查，以及风能资源详查和评价，我国风能资源丰富，全国陆地50米高度层上年平均风功率密度≥300瓦/平方米的风能资源理论储量约73亿千瓦。

（2）风能资源可开发量

风能资源可开发量是指剔除因资源禀赋、高程等限制因素，规划区域内可利用面积上的装机容量总和。资源可开发量受风电机组技术、开发成本等因素影响，在不同的边界条件下，风能资源可开发量不同。

（3）风能资源技术可开发量

风能资源技术可开发量是以资源可开发量为基础，按照现行政策法规要求，核减生态红线、林地、地类属性中的不可用地类、基本农田、保护区、基本草原等限制区后，规划区域内可利用面积上的装机容量总和。根据国际上通用的风能资源技术开发量评价指标，在年平均风功率密度≥300瓦/平方米的风能资源覆盖区域内，考虑自然地理条件对风电开发的制约因素，剔除单位面积装机容量<1500千瓦/千平方米的区域后，结合风电相关政策文件，初步评估陆地50米、70米和100米高度层年平均风功率密度≥300瓦/平方米的风能资源技术开发量分别为20亿千

瓦、26亿千瓦和34亿千瓦。

（4）可开发风能资源重点实施项目

可开发风能资源重点实施项目是在技术可开发量的基础上，结合现场踏勘，考虑规模化开发、交通运输、当地用能保障等因素后，优选综合条件较好的风电场场址。根据第三次全国风能资源普查和我国的相关政策与技术水平，内蒙古、新疆、甘肃、黑龙江、吉林、河北、辽宁、山东等省、自治区具备大规模连片开发的风能资源条件，可以建设大型风力发电基地；江苏、福建、广东、海南等省的沿海区域具备建设大型海上风电场的资源条件；其他省（区、市）风能资源主要分布在山地、台地或海岛区域，适宜分散式和较小规模风电开发。

2.2.5 出力特性分析

风电出力主要具有以下特点：

1）风电出力的功率曲线一般如图2.11所示，包括切入风速、额定风速和切出风速，在切入风速前风电机组处于待机状态，在切入风速到额定风速之间按照近指数规律出力，在额定风速和切出风速之间，按照恒定的额定出力运行。

2）出力年内变化显著：大部分地区以冬、春季风速较大，风电场出力也较大，夏、秋季风速较小，风电场出力也较小。

3）出力日内变化规律明显：从年出力日变化曲线上看，呈现"一峰一谷"的特征，陆地区域高峰一般出现在清晨，低谷一般出现在中午。

4）区域内出力变化较为一致，容量变幅较大：由于邻近区域内风能资源分布及变化规律相似，因此，区域内各风电场出力变化较为一致，各风电场之间互补性较差，同时率较高。

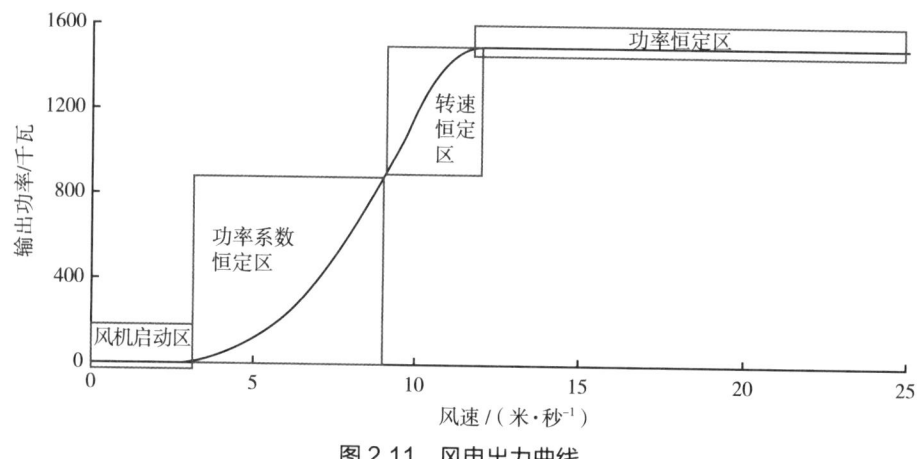

图2.11 风电出力曲线

2.3 太阳能资源特性与评估

2.3.1 太阳能资源特性

太阳能资源直接来自太阳光热辐射，在地球上分布广泛。有效利用太阳能资源，必须了解太阳能资源的特点。太阳能资源具有以下特点。

（1）可再生性

太阳内部由于氢核的聚变热核反应释放出巨大的光和热，这是太阳能的根本来源。在恒星太阳核心的核聚变产能区中，氢核稳定燃烧的时间在 60 亿年以上，从这个意义上来讲，太阳能是"取之不尽、用之不竭"的。

（2）能量密度低

太阳能在晴天平均密度为 1 千瓦/平方米，昼夜平均为 0.16 千瓦/平方米。太阳能能量密度很低，必须配备足够大的受光面积，才能得到足够的功率，给推广利用带来了困难。

（3）能量稳定性差

太阳能随天气和气候的变化而变化。虽然各地区的太阳辐射特性在较长的时间内有一定的统计规律可循，但是日照强度无时无刻不在变化（图 2.12），不但

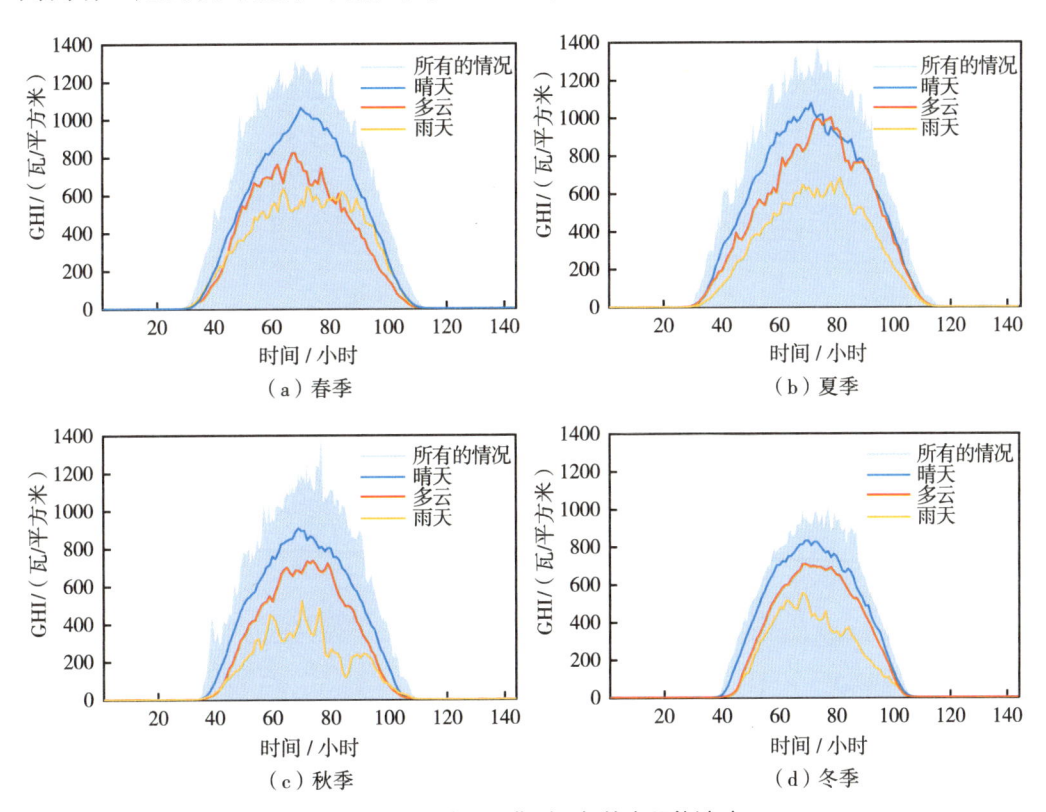

图 2.12 某地四季典型天气的太阳能波动

年际有变化,甚至在很短时间内也有无规律的脉动变化。这种不稳定性给太阳能利用增加了难度。

2.3.2 太阳能资源评估

2.3.2.1 光资源评价指标

光资源通常以辐射量、日照时数、资源稳定度等表示。

（1）辐射量

水平面总辐射（Global Horizontal Irradiance，GHI）是指水平面上接收到的直射和散射辐射总数。辐照量是指在给定时间段内的辐照度的积分总量。

倾斜表面总辐射量/照度即为在固定或随着太阳而变化的倾斜度、偏振度的表面所接收到的辐射总值，这一辐射总值包括了散射辐射、直射辐射和反射辐射。最佳倾角是指固定式光伏方阵在该倾角下倾斜面所接收到的年总辐射量最大，则称该倾角为最佳倾角。直接辐射（Direct Normal Irradiance，DNI）是指太阳辐射到地球表面的直接能量，即垂直于地面的太阳辐射能量，以法向直接辐射年总量来表征可利用太阳能资源。

GHI 划分为 4 个等级：最丰富（A）、很丰富（B）、丰富（C）、一般（D），划分标准见表 2.4。

表 2.4　太阳能水平面总辐照量等级

等级名称	分级阈值 千瓦·时/平方米·年	分级阈值 兆焦/平方米·年	等级符号
最丰富	GHI ≥ 1750	GHI ≥ 6300	A
很丰富	1400 ≤ GHI<1750	5040 ≤ GHI<6300	B
丰富	1050 ≤ GHI<1400	3780 ≤ GHI<5040	C
一般	GHI<1050	GHI<3780	D

DNI 划分为 4 个等级：最丰富（A）、很丰富（B）、丰富（C）、一般（D），划分标准见表 2.5。

表 2.5　太阳能热发电工程年直接辐照量等级

等级名称	分级阈值 千瓦·时/平方米·年	等级符号
最丰富	DNI ≥ 1700	A
很丰富	1400 ≤ DNI<1700	B

续表

等级名称	分级阈值 千瓦·时/平方米·年	等级符号
丰富	1000 ≤ DNI<1400	C
一般	DNI<1000	D

（2）日照时数

日照时数是太阳直射光实际照射的时间，以小时为单位。利用日照时数、日照百分率以及平均云量可以估算总辐射量，以弥补辐射站点少的不足。因此，日照时数是评价地区光资源的重要指标。

（3）资源稳定程度

稳定度表示太阳能资源年内变化的状态和幅度，光伏发电工程应采用典型气象年数据计算各月的日平均总辐照量，然后求最小值与最大值之比，用"R_w"表示。光热发电工程应采用典型气象年数据计算各月的日平均法向直接辐照量，然后求最小值与最大值之比，用"$R_{w,d}$"表示。稳定度分为4个等级：很稳定（A）、稳定（B）、一般（C）、欠稳定（D）。划分标准见表2.6。

表2.6 稳定度等级

等级名称	分级阈值	分级阈值	等级符号
很稳定	$R_w \geq 0.47$	$R_{w,d} \geq 0.7$	A
稳定	$0.36 \leq R_w<0.47$	$0.5 \leq R_{w,d}<0.7$	B
一般	$0.28 \leq R_w<0.36$	$0.3 \leq R_{w,d}<0.5$	C
欠稳定	$R_w<0.28$	$R_{w,d}<0.3$	D

（4）直射比

直射比是指水平面直接辐射辐照量在总辐射辐照量中所占比例。直射比等级划分为4个等级：很高（A）、高（B）、中（C）、低（D）。划分标准见表2.7。

表2.7 直射比等级

等级名称	分级阈值	等级符号	等级说明
很高	$R_D \geq 0.6$	A	直接辐射主导
高	$0.5 \leq R_D<0.6$	B	直接辐射较多

续表

等级名称	分级阈值	等级符号	等级说明
中	$0.35 \leq R_D < 0.5$	C	散射辐射较多
低	$R_D < 0.35$	D	散射辐射主导

注：R_D 表示直射比。计算 R_D 时，首先计算代表年水平面直接辐照量和总辐照量，然后求二者之比。

2.3.2.2 光资源评估数据

连续完整高精度的太阳能辐照数据对太阳能光伏/光热发电项目开发的可行性研究和经济性分析至关重要。一般来说，想要获取精确的太阳能辐照数据需要项目方实地建设测光站，进行一年甚至更长周期的实测统计。实际工作中，也可以通过一些工具或者途径获取一定的数据对拟选场址进行太阳能辐照资源评估，例如，向气象局购买历史数据，从 NASA、Meteonorm 等国际数据库获取免费数据或向 Solargis 等软件供应商购买卫星模拟数据等。开展实地专业测光进行光资源评估与从商业数据库获取数据相比更加准确可靠。

（1）实测数据

目前大部分光伏电站在站内安装了气象仪用来采集测光数据，用于光资源评估的完备气象仪，至少要有4块太阳辐射表，分别测量总辐射值、散射辐射值、倾角辐射值以及直射辐射值数据。在前期开发阶段，测光设备主要用来进行资源评估和发电量计算以及项目设计；电站建成之后的运维阶段，测光设备仍然要用来进行项目的实时监测，为电站的控制及功率预测等提供数据。

为提高光资源评估的准确性，通常需要连续一年的逐分钟实测数据。普遍认为测光越早越好的原因主要是光资源存在年际变化，光资源高于长期平均水平的年份叫做"大光年"，反之叫做"小光年"，两者与代表年的差异可能达到15%。如果测光站恰好建在了"大光年"或"小光年"，会对项目的投资决策产生颠覆性影响，而削除这种年际变化的手段之一就是尽量延长测光时间，一般建议测光时间最好安排1～3年。

（2）数据库数据

目前，光资源数据主要包括 Meteonorm、Solargis、NASA、NREL、PVGIS-CMSAF 等数据库，其中 Meteonorm 和 Solargis 是最主要的两大商业数据库。

Meteonorm 从 Meteotest 发展而来，是一种在太阳能行业中得到广泛认可和使用的数据源。Meteonorm 有着30多年的发展历史（初版于1985年发布），并已成为太阳能仿真的标准气象数据库。同时，它也是一些常用光伏设计软件的默认气象数据库，如 PVsyst 或 PVSOL。

Solargis 是由欧洲 Solargis s.r.o. 公司开发的太阳能资源评估工具，利用卫星遥感数据、地理信息系统（GIS）技术和先进的科学算法得到高分辨率太阳能资源及气候要素数据库，涉及范围涵盖欧洲、非洲和亚洲。现已被广泛应用于光伏和光热项目的前期开发、资源评估和发电量计算。Solargis 模型已在全球 220 多个地区得到验证，这些地区的公共区域均存在可用 GHI/DHI 监测值。表 2.8 总结了基于这些验证点的高精度监测值得出的验证结果。

表 2.8 基于验证点的高精度监测值的验证结果

	GHI	DHI
80% 的验证站点偏差值	<±3.1%	<±6.8%
90% 的验证站点偏差值	<±4.6%	<±9.0%
98% 的验证站点偏差值	<±7.1%	<±11.8%

为了计算多年极端天气状况，在估计长期太阳能资源潜能时，推荐使用 10 年以上连续历史数据。根据地理位置不同，Solargis 数据库中太阳能资源数据的时间覆盖范围多种多样，从 11 年以上到 24 年以上。Solargis 每 10、15 或 30 分钟（具体取决于卫星平台）会处理一次卫星数据，这有利于更好地捕捉云层运动，得出低于逐时太阳辐射值和相同时间序列的高精度长期平均值。

2.3.2.3 太阳能资源评估方法

常年际评估可参考国家标准《太阳能资源评估方法》（GB/T 37526-2019）及能源行业标准《太阳能发电工程太阳能资源评估技术规程》（NB/T 10353-2019）。评估的内容要求主要包括：

（1）区域太阳能资源分布特征

分析评估目标所在区域的太阳能资源总体分布特征及主要成因，说明评估目标的太阳能资源在该区域中的丰富程度。

（2）日照时数和日照百分率变化特征

分析评估目标的日照时数和日照百分率年际变化、年变化特征，说明其总体变化趋势。

（3）太阳能资源总量及丰富程度等级

采用代表年数据，计算评估目标的年水平面总辐照量、法向直接辐照量，评价太阳能资源的丰富程度，即年水平总辐照量等级、法向直接辐照量等级。

（4）太阳能资源时间变化特征及稳定度等级

主要包括太阳能资源年际变化特征、太阳能资源月变化特征及稳定度等级，以及太阳能资源日变化特征。

（5）太阳能资源直射比等级

采用代表年数据计算年水平面直接辐照量、年水平面散射辐照量和直射比 DHRR，评价太阳能资源直射比 DHRR 等级。

（6）太阳能资源评价结论

太阳能资源评价结论包括但不限于：①评估目标的年水平面总辐照量、法向直接辐照量及丰富等级；②评估目标的太阳能资源主要时间变化特征及水平面总辐射及法向直接辐照量稳定度等级；③评估目标的太阳能资源成分及直射比等级。

2.3.3 太阳能资源分布

我国属太阳能资源丰富的国家之一，全国总面积 2/3 以上地区年日照时数大于 2000 小时，总体呈"高原大于平原、西部大于东部"的分布特点。其中，西藏、青海、新疆、甘肃、宁夏、内蒙古高原的总辐射量和日照时数均为全国最高，属太阳能资源最丰富地区之一；四川盆地、两湖地区、秦巴山地是太阳能资源低值区。我国各地年内接收的太阳辐射总量有明显的季节变化，绝大部分地区呈夏季多、冬季少的特点。在温带地区，如西部、中北部广大地区，太阳辐射总量最大月值出现在雨季开始前的 5~6 月；在东南部地区，最大月值出现在伏旱的 7~8 月。大部分地区太阳辐射总量最小月值出现冬季的 12 月，东南沿海个别地区出现在多阴雨的 1~2 月。

根据国家气象局风能太阳能评估中心划分标准，我国太阳能资源地区划分分布情况如下。

Ⅰ类地区（资源丰富带）：全年辐射量在 6700~8370 兆焦/平方米，主要包括甘肃北部及中部、宁夏北部、新疆南部、河北西北部、山西北部、内蒙古南部、宁夏南部、青海东部、西藏东南部等地。位于该等级区域的水电基地较少。

Ⅱ类地区（资源较富带）：全年辐射量在 5400~6700 兆焦/平方米，主要包括山东、河南、河北东南部、山西南部、新疆北部、吉林、辽宁、云南、陕西北部、甘肃东南部、广东南部、福建南部、江苏中北部和安徽北部等地。位于该等级区域的水电基地较多，主要有雅砻江、金沙江、怒江、大渡河、澜沧江、黄河上游和黄河北干流水电基地。

Ⅲ类地区（资源一般带）：全年辐射量在 4200~5400 兆焦/平方米，主要包括长江中下游、福建、浙江和广东的一部分地区，春夏多阴雨，秋冬季太阳能资源还可以。位于该等级区域的水电基地主要有南盘江红水河、闽浙赣水电基地。

Ⅳ类地区：全年辐射量在 4200 兆焦/平方米以下，主要包括四川、贵州两省，是我国太阳能资源最少的地区。位于该等级区域的水电基地主要有长江上游、乌江和湘西（包括沅水、资水、澧水）水电基地。

2.3.4 可开发太阳能资源

可开发太阳能资源主要包括理论蕴藏量、资源可开发量、技术可开发量以及重点实施项目4个方面。

（1）太阳能资源理论蕴藏量

太阳能资源理论蕴藏量是指评估区域内地表接收到的太阳能完全转化为电能的能量总和（不考虑发电转化效率），全国太阳能资源理论储量1.86万亿千瓦。

（2）太阳能资源可开发量

太阳能资源可开发量是指在当前技术水平下，剔除因资源禀赋、地形坡度坡向、山影遮挡、高程等限制因素后，规划区域内可利用面积上的装机容量总和。仅以我国戈壁面积（57万平方千米）的20%进行计算，光伏发电资源可开发量超过50亿千瓦。

（3）太阳能资源技术可开发量

太阳能资源技术可开发量是指在资源可开发量基础上，按照现行政策法规要求，核减生态红线、林地、土地利用中的不可用地类、基本农田、保护区等限制区后，规划区域内可利用面积上的装机容量总和。

（4）可开发太阳能资源重点实施项目

可开发太阳能资源重点实施项目是指在技术可开发量的基础上，结合现场踏勘，考虑规模化开发、交通运输条件、电网接入与消纳条件、水文气象条件等因素后，所有规划的电站。

2.3.5 出力特性分析

（1）光伏电站

随着日出日落、季节及天气等因素变化，太阳辐射量发生变化，因此，光伏发电也具有间歇性、波动性和随机性的特点。从月内特性看，太阳能电站出力呈明显的季节分布特征；从日内特性看，太阳能光伏电站典型日出力呈抛物线形状，即夜间出力为0，早上6～7点开始爬坡，在午间达到峰值，如图2.13所示。

（2）光热电站

太阳能光热电站因其配套设置的储热系统可克服太阳能时空不连续、不稳定性等因素，保证电力稳定输出，因此出力可根据需求调整，可承担"基荷电源+调节电源+同步电源"等多重角色。

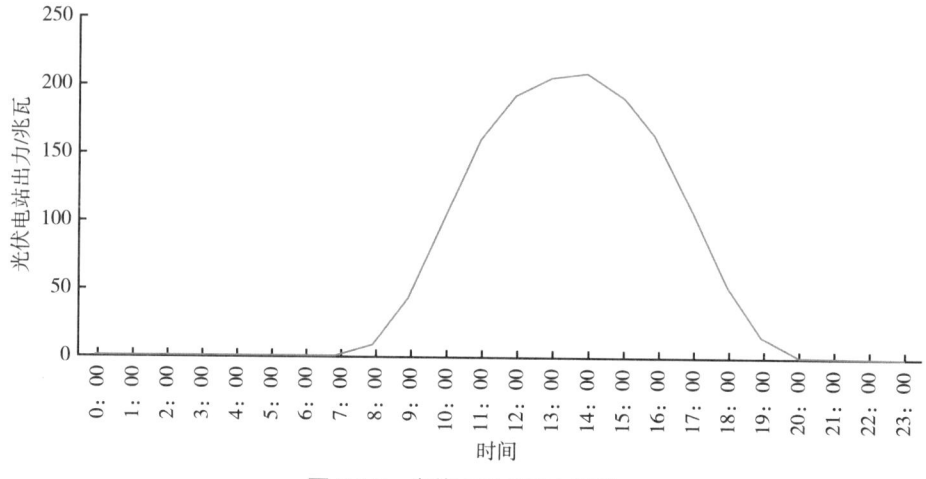

图 2.13 光伏电站日出力特性

2.4 抽水蓄能资源

2.4.1 抽水蓄能站点资源特性

抽水蓄能是当前技术最成熟、经济性最优、最具大规模开发条件的电力系统绿色低碳清洁灵活调节电源。加快发展抽水蓄能，是构建新型电力系统的迫切要求，是保障电力系统安全稳定运行的重要支撑，是可再生能源大规模发展的重要保障。

抽水蓄能本质上是能耗设施，通过储能与能量时移功能，服务电力系统安全稳定运行和促进新能源并网消纳。有别于常规水电站直接利用水能资源，抽水蓄能电站是以电力系统的峰谷差、调频调相及各种备用需求作为可利用资源，随地域、时间、经济发展程度等而变化的。

抽水蓄能站址选择，对水头、地质等要求较高，同时由于地理位置、自然条件分布上存在不均衡性，优良的抽水蓄能站址比较有限。

2.4.2 抽水蓄能电站选址要求

抽水蓄能电站选址涉及地理位置、场地地形条件、地质条件及周边新能源资源分布及其开发条件，以及与电力系统的相互关系等多个方面。

抽水蓄能电站的地形条件直接关系到电站的建设规模、经济指标、工程参数以及在电力系统中发挥的作用。选择上、下水库天然高差合适，且可形成完整且基本封闭的库盆，库岸山体雄厚、库周边坡平顺，具有满足蓄能要求的水库容积。

从地质条件来说，要避开区域构造稳定性差的山体，远离活动断层、堆积体、滑坡体，选择地质构造简单、岩体坚硬完整、水文地质条件较好的场地建设抽水蓄能电站。由于抽水蓄能电站一般地下工程较多，对围岩地质条件的要求较高，应将站址选在区域稳定性条件较好的地区。

从地理位置来看，抽水蓄能电站一般应位于供电地区负荷中心附近。在负荷高峰时，电网输电系统基本处于满载状态，处于供电地区负荷中心的抽水蓄能电站，可以通过架设较短的输电线路来将电力输送给电网，缓解供电压力。目前为了配合新能源的稳定输送，在大规模的新能源基地也考虑配置抽水蓄能电站。

抽水蓄能电站规划选点需要根据电力系统发展需要，选择资源站点、规划比选站点，通过技术经济比较选出规划推荐站点。站点选择可考虑以下方面。

1）上、下水库具备一定天然高差，最大水头控制在800米以内。当最大水头超过800米，需考虑机组选型及机组造价。

2）上、下水库的距高宜不大于10且不小于2。

3）上、下水库地形封闭性及成库条件好，不存在严重渗漏问题，库岸边坡稳定性好。

4）地理位置接近电网负荷中心、电网重要节点、特高压落点区域，或者位于风光新能源集中区域，装机规模与电网发展需要相适应。

5）站址初期蓄水和正常运行期补水的水源条件较好，内外交通、施工场地、用水用电等施工条件较好。

6）水库淹没损失不大，没有制约性环境影响问题。

不同于常规水电站依赖于河川径流，抽水蓄能电站运行所需水量是在上、下水库内循环使用。初期蓄水以后，通常补充蒸发渗漏损失水量维持正常运行即可。

抽水蓄能电站地理位置接近电网负荷中心或新能源基地，装机规模与电力系统发展需要相适应，可选范围较广，不同站址的建设条件可能差别较大，从而造成各站址的技术经济指标相差悬殊，有必要进行一定范围选点规划。通过开展站点资源普查，全面掌握区内抽水蓄能资源状况，了解各抽水蓄能电站站点建设条件。

2.4.3 抽水蓄能资源分布

20世纪80年代中期，为了研究解决电网调峰困难问题，广东省、华北电网、华东电网等地区有关单位，组织开展了重点区域的抽水蓄能电站资源调查和规划选点工作。2009—2013年，受国家能源局委托，水电水利规划设计总院组织开展了抽水蓄能电站选点规划工作，规划推荐抽水蓄能站点59个，总装机容量7485万千瓦。"十三五"期间，国家能源局再次委托相关单位开展了广西等12个省（区）的选点规划或规划调整工作，增加推荐规划站点22个，总装机容量2970万千瓦。截至2020年年底，我国25个省（区、市）陆续开展抽水蓄能电站选点规划或选点规划调整工作，批复的规划站点总装机容量约 1.2 亿千瓦。2020年，全国新一轮抽水蓄能规划工作过程中，综合考虑地理位置、地形地质、水源条件、水库淹没、环境影响、工程技术条件等因素，进一步普查筛选出资源站点 1500 余个，总装机规模约 16 亿千瓦。《抽水蓄能中长期发展规划（2021—2035 年）》提出重点实施项目和备选项目约 7.2 亿千瓦。截至 2021 年年底，我国已纳入规划的抽水蓄能站点资源总量约 8.14 亿千瓦，其中已建 3639 万千瓦，在建 6153 万千瓦，中长期规划重点实施项目 4.2 亿千瓦，备选项目 3.1 亿千瓦。东北电网 10500 万千瓦、华北电网 8000 万千瓦、华东电网 10500 万千瓦、华中电网 12500 万千瓦、南方电网 9700 万千瓦、西南电网 14300 万千瓦、西北电网 15900 万千瓦。

2.5 本章小结

我国水能资源技术可开发量为 6.87 亿千瓦，居世界首位，年均发电量 3 万亿千瓦·时，但时空分布不均。与此同时，我国风能资源丰富，100 米高度层年平均风功率密度 ≥ 300 瓦 / 平方米的技术可开发量大于 34 亿千瓦，主要分布在三北地区和东南部沿海。我国还是太阳能资源最丰富的国家之一，按戈壁面积（57 万平方千米）的 20% 进行计算，光伏发电资源可开发量超过 50 亿千瓦。

我国是一个水风光资源丰富的国家，目前已开发的容量在技术可开发量中占比很小。采用水风光多能互补利用的形式开发水风光资源，将极大地提高风光资源的利用效率，是实现"双碳"目标的必由之路。

参考文献

[1] 杨永江，王立涛，孙卓. 风、光、水多能互补是我国"碳中和"的必由之路［J］. 水电与抽水蓄能，2021，7（4）：15-19.

[2] 张琛，马伟. 合理开发水能资源走低碳经济发展道路［J］. 西北水电，2012（5）：4-8.

[3] 尹明友. 浅议水能资源开发与生态环境保护问题［J］. 小水电，2010（2）：62-65.

[4] 仇欣，肖晋宇，吴佳玮，等. 全球水能资源评估模型与方法研究［J］. 水力发电，2021，47（5）：106-111，145.

[5] 黄凤岗. 水电站工程水能的计算方法研究［J］. 中国水能及电气化，2015（5）：59-62.

[6] 袁汝华，毛春梅，陆桂华. 水能资源价值理论与测算方法探索［J］. 水电能源科学，2003（1）：12-14.

[7] 鲁华. 我国经济可开发水能资源藏量丰富［J］. 能源研究与信息，1994（3）：39-40.

[8] 兴华. 我国水能资源利用现状及开发前景[J]. 能源研究与信息, 1999（2）: 55-56.

[9] 韩冬, 赵增海, 严秉忠, 等. 2021年中国常规水电发展现状与展望[J]. 水力发电, 2022, 48（6）: 1-5, 72.

[10] 崔岩, 崔伟谊. 中国水能资源开发现状[J]. 科技信息, 2009（21）: 393.

[11] 许昌, 钟淋涓, 等. 风电场规划与设计[M]. 北京: 中国水利水电出版社, 2014.

[12] 薛桁, 朱瑞兆, 杨振斌, 等. 中国风能资源贮量估算[J]. 太阳能学报, 2001（2）: 167-170.

[13] 朱兆瑞. 应用气候手册[M]. 北京: 气象出版社, 1991.

[14] 朱蓉, 王阳, 向洋, 等. 中国风能资源气候特征和开发潜力研究[J]. 太阳能学报, 2021, 42（6）: 409-418.

[15] 宋丽莉, 朱蓉, 等. 全国风能资源详查和评价报告[M]. 北京: 气象出版社, 2014.

[16] 应有, 申新贺, 姜婷婷, 等. 基于中微尺度耦合模式的风电场风资源评估方法研究[J]. 可再生能源, 2021, 39（2）: 195-200.

[17] 朱蓉, 王阳, 向洋, 等. 中国风能资源气候特征和开发潜力研究[J]. 太阳能学报, 2021, 42（6）: 409-418.

[18] 沈义. 我国太阳能的空间分布及地区开发利用综合潜力评价[D]. 兰州: 兰州大学, 2014.

[19] 韩冬, 赵增海, 严秉忠, 等. 2021年中国抽水蓄能发展现状与展望[J]. 水力发电, 2022, 48（5）: 1-4, 104.

[20] 赵凤忠, 于少杰. 抽水蓄能发电——资源综合利用的另一种形式[J]. 中国资源综合利用, 2006, 24（7）: 2.

[21] 宋云丽, 严云籍, 翟林博, 等. 抽水蓄能电站建设的地理要素分析及GIS选址[J]. 云南水力发电, 2022, 38（4）: 131-134.

[22] 任岩, 侯尚辰. 基于多能互补的抽水蓄能电站站址选择的研究[J]. 水电与抽水蓄能, 2021, 7（6）: 37-39.

[23] 赵会林, 鲁新蕊. 抽水蓄能电站的选点原则[J]. 东北水利水电, 2012, 30（4）: 1-2, 71.

[24] 高瑾瑾, 郑源, 李涧鸣. 抽水蓄能电站技术经济效益指标体系综合评价研究[J]. 水利水电技术, 2018, 49（7）: 152-158.

[25] 张克诚. 抽水蓄能电站水能设计[M]. 北京: 中国水利水电出版社, 2007

[26] 李家春, 贺德馨. 中国风能可持续发展之路[M]. 北京: 科学出版社, 2018.

[27] 黄其励. 风能技术发展战略研究[M]. 北京: 机械工业出版社, 2021.

[28] 李昇, 高洁, 方光达, 等. 我国流域梯级水电开发的回顾与展望[J]. 水电与抽水蓄能, 2022, 8（2）: 1-6.

第3章 水风光多能互补特性与开发模式

水风光多能互补是利用水能、风能、太阳能的年内、日内发电特性，以水电调节能力为依托，配套建设相当规模的风、光新能源发电项目，通过容量配置、优化调度、运行控制等手段实现联合互补，实现对水风光清洁能源的高效利用。针对不同应用场景，其开发模式各有特色。

3.1 水风光多能互补特性

3.1.1 资源时空分布
3.1.1.1 水风光资源地理特性

我国的水能资源理论蕴藏量丰富，风能、太阳能资源禀赋优越。风能资源主要集中在甘肃、新疆、青海、内蒙古、西藏、云南一带，太阳能资源主要集中在西部的西藏、新疆、青海、内蒙古一带。与此同时，上述地区水能资源也较为丰富，水风光多能互补具有地理优势与便利。

3.1.1.2 水风光资源互补特性

水风光资源多能互补特性分析一般包括被补偿电源之间的互补分析，以及补偿电源与被补偿电源间的互补分析。本书中补偿电源主要是指具有日调节能力及以上的常规水电站、抽水蓄能电站、电化学储能等新型储能电站。

被补偿电源主要指风电和光伏发电站，其发电出力随资源条件变化而变化，不具备根据负荷需求调整自身出力的能力。

从时间互补角度分析，水风光资源的互补特性可分为短期和中长期，按年、月、日时间特性又可分为年际特性、年内特性、月内特性和日内特性。

(1) 年际特性分析

从年特性来看,水电站的发电情况取决于降水所形成的河川径流,受到大气循环和异常气候现象的影响,降水量年际间相差悬殊,有丰水年、平水年和枯水年之分。风能太阳能资源,尤其是太阳能的年际波动较小,风电和光伏的年发电量相对平稳,可以在一定程度上补偿水电在枯水年发电量的下降,形成水风光发电系统年际的互补。

(2) 年内特性分析

从年内特性来看,由于我国为大陆性季风气候,夏季水资源多、风资源少、局部光照虽强但温度高,冬季水资源少、风资源多、光照好且温度低,风能、太阳能、水能资源在季节分布上具有互补性,并且通过对水电、风电、光伏的历史数据分析也验证了其季节性的互补特性。因此,水风光资源互补年内特性主要集中在挖掘水电站的补偿能力,优化水电不同月份、不同时段的水位和出力,以实现能量的时序转移。

1) 被补偿电源之间互补性分析。同一区域同类型被补偿电源年内特性基本一致,一般重点分析不同类型被补偿电源之间年内互补特性。以红水河流域龙滩水电站周边风电、光伏电站为例,分析风电、光伏之间年内互补关系,详见图 3.1。7 月、8 月、9 月风电出力为年内最小时段,光伏在该时段出力年内最大;10 月至次年 3 月,光伏出力相对较小,风电出力相对较大。由此可见,龙滩水电站周边风电光伏具有良好的年内互补性。

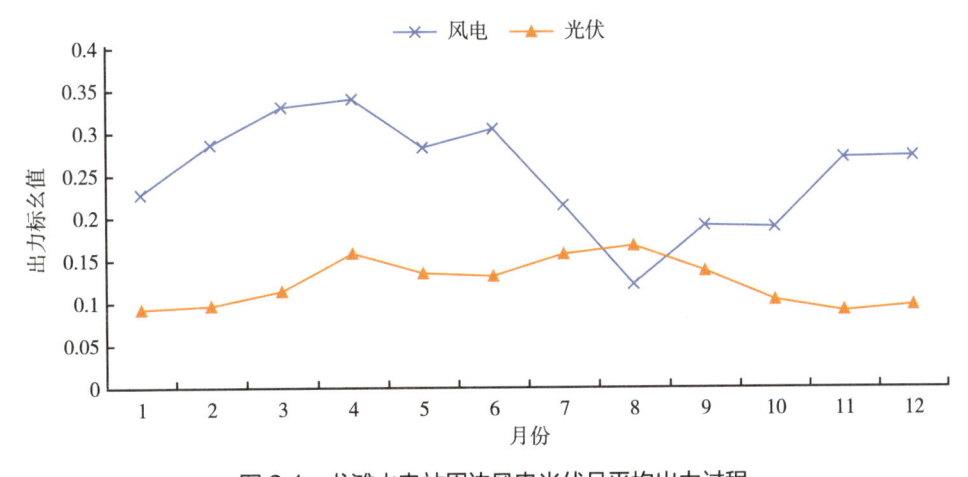

图 3.1 龙滩水电站周边风电光伏月平均出力过程

2) 补偿与被补偿电源之间互补性分析。水电出力跟水库的调节性能与来水量的多少密切相关,一般来说汛期出力大、枯水期出力小。受我国气候影响,汛期风电出力一般较小，枯水期较大；对于西部的光伏电站，一般也呈汛期光伏出力较小，枯水期光伏出力较大的特点。图3.2是龙滩水电站平水年水电、风电、光伏年内逐月出力分布，由图可知7月、8月主汛期水电出力大、风电出力小，补偿电源与被补偿电源之间形成了良好互补。

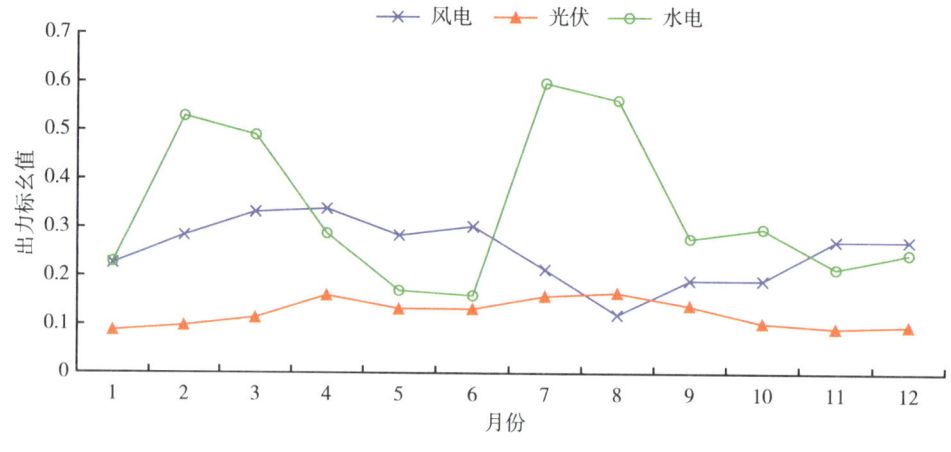

图3.2 平水年龙滩水电站水风光月平均出力过程

（3）月内特性分析

1）被补偿电源之间互补性分析。同类型被补偿电源月内逐日平均出力趋势基本一致，图3.3为龙滩和岩滩水电站周边风电站8月逐日平均出力过程，岩滩水电站为龙滩水电站下游梯级电站，由图可知，在一定空间范围内风电月内特性差异不大，不存在明显的互补性；图3.4为龙滩和岩滩水电站周边光伏电站8月逐日平均出力过程，由图可知，在一定空间范围内，光伏电站之间月内特性规律

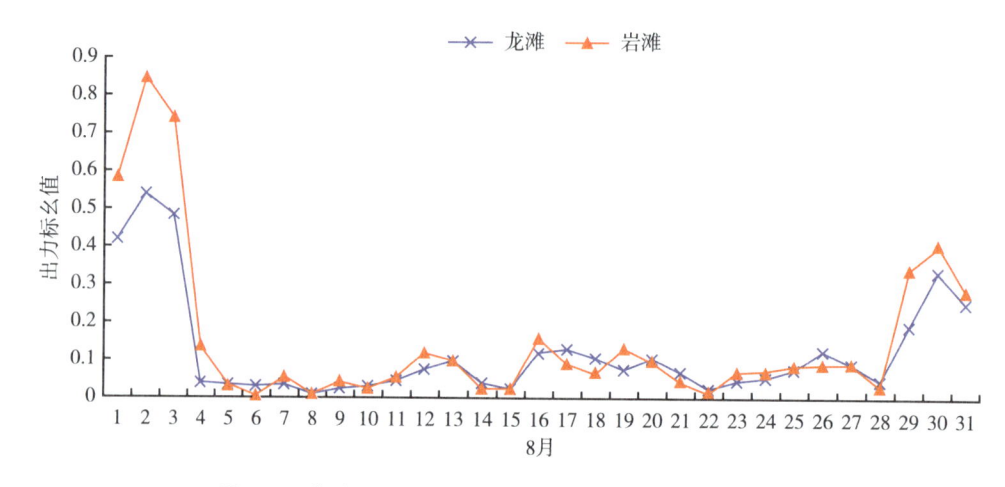

图3.3 龙滩、岩滩水电站周边风电8月日平均出力过程

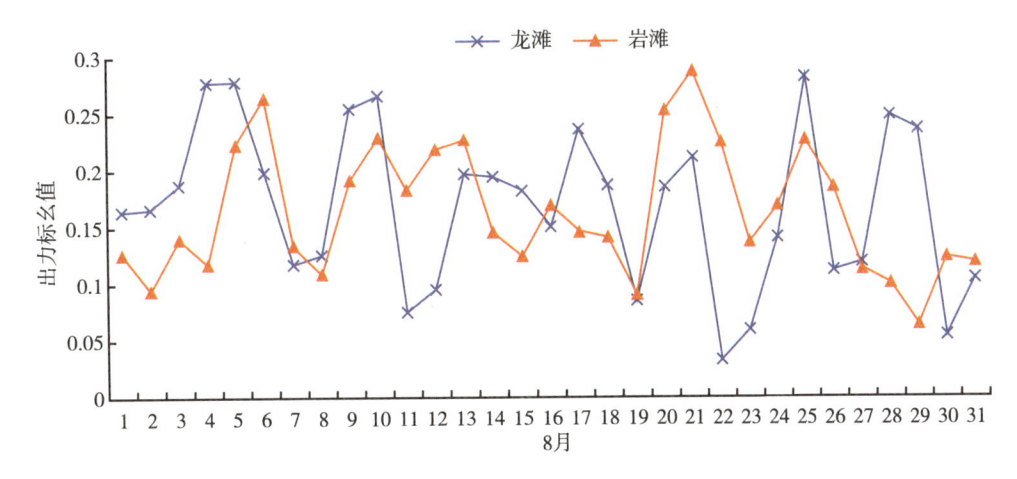

图 3.4 龙滩、岩滩水电站周边光伏 8 月日平均出力过程

不明显，既表现出同步性，局部时段也有一定的互补性。

以龙滩水电站周边风电、光伏为例，对不同类型被补偿电源之间月互补特性进行分析。图 3.5 为龙滩水电站周边风电、光伏 8 月逐日平均出力过程图，由图可知，龙滩水电站周边风电、光伏电站出力在大部分时段具有良好的互补性。

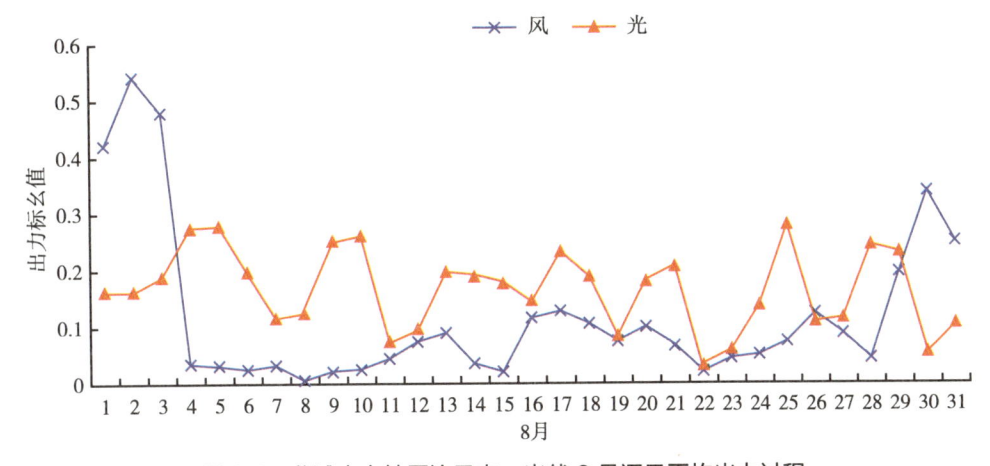

图 3.5 龙滩水电站周边风电、光伏 8 月逐日平均出力过程

2）补偿与被补偿电源之间互补性分析。当水电站调节能力为年调节时，可将汛期、非汛期月内来水进行调节，与风电、光伏等被补偿电源良好互补运行；当水电调节能力为季调节时，可将枯水期月内来水进行调节，与风电、光伏互补运行；当水电调节能力为日调节时，难以在月内各日对来水进行调节，其月内互补性一般表现为天然来水与风电、光伏出力特性的互补关系。图 3.6 是西藏玉曲河碧土水电站 8 月水电、风电、光伏逐日出力过程，由图可知，风电、光伏自身

具有良好的互补性，8月中上旬水电出力大，风电、光伏出力相对较小；8月下旬水电出力小，风电、光伏出力相对较大，水电与风电、光伏电站之间具有良好的月内互补性。

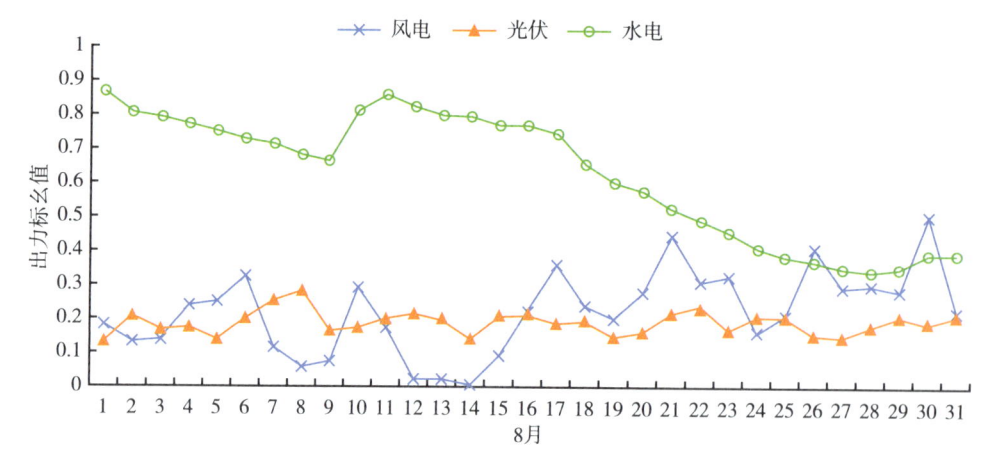

图3.6　西藏玉曲河碧土水电站8月水风光月内逐日出力过程

（4）日内特性分析

从日特性来看，风电出力受天气、温度、季节、昼夜影响较大，通常白天风小，晚上风大。光伏出力同样受天气、温度、季节、昼夜影响，白天出力大，晚上没有光照停止发电。风电与光伏的出力具有间歇性、波动性和随机性，同时具有一定的互补特性。水电机组具有启停灵活、响应速度快的特点，在电网中有调峰、调频、调相及备用电源的作用。因此，水电站可依靠日调节库容对日内水量进行分配，利用其水库的调节能力和快速反应能力，对新能源进行日内补偿调节，平抑新能源波动，满足用电需求。

1）被补偿电源之间互补性分析。研究范围越大，同类型被补偿电源之间的相关性一般越弱，出力同时率也将减小，电源之间呈一定的互补特征。风电、光伏等不同类型被补偿电源之间一般互补性良好，我国大部分地区风电呈夜晚出力大、白天出力小的特征，光伏白天发电夜晚不发电，两者具有天然的日内互补性。图3.7是龙滩水电站8月某日周边的风电、光伏日内出力过程，由图可知，该日风电白天几乎无出力，光伏与风电具有良好的日内互补性。

2）补偿与被补偿电源之间互补性分析。具有日调节及以上调节能力的水电可将来水在日内进行调节分配，当水电站还承担系统调峰任务时，通常会在风光出力大发而非调峰时段降低出力运行，在调峰时段加大出力。图3.8是龙滩水电站8月某日与周边风电、光伏联合互补运行的逐时出力过程。由图可知，白天

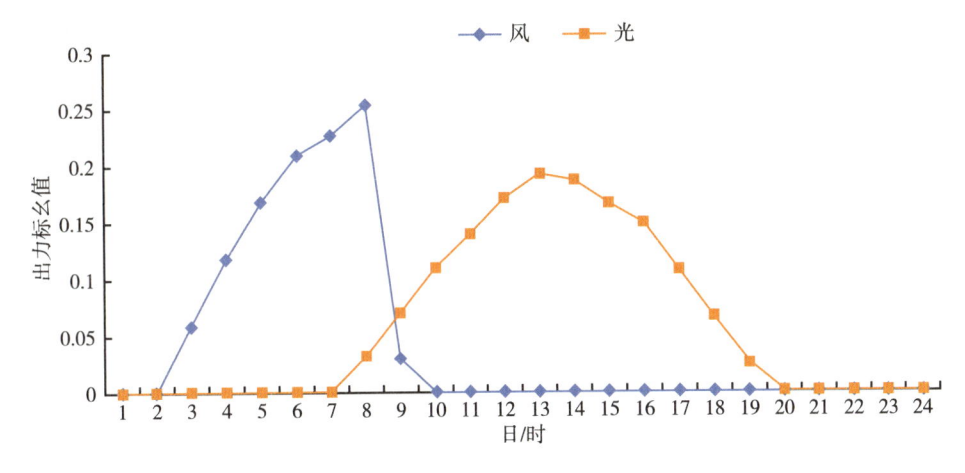

图 3.7　龙滩水电站周边风电、光伏 8 月某日逐时出力过程

13～14 点光伏出力较大，系统负荷需求较小，此时水电降低出力，夜晚 22～23 点系统负荷需求大，水电承担调峰任务，加大出力，凌晨 3 点至上午 8 点，系统负荷需求小且风电出力较大，此时水电降低出力运行，水电通过发挥其灵活调节能力将日内来水根据系统负荷特性和风电、光伏发电等新能源出力特性进行分配，达到良好的互补效果。

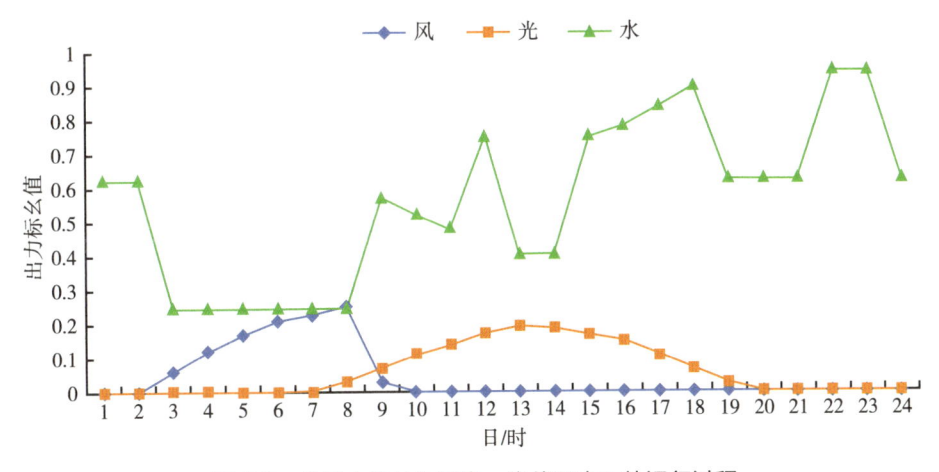

图 3.8　龙滩水电站与风电、光伏日内互补运行过程

3.1.1.3　水风光资源互补指标

基于可再生能源互补特性，多采用直接观察法等方法进行定性研究。如对气象站点的数据进行直接观察和站点间协方差的对比，大致得到某一地区水风光资源的互补程度；或者利用无量纲的发电量图示对某一地区的风能、太阳能互补性进行大致的判断。

为更准确地描述可再生能源的互补特性，通常利用相关性指标或自定义系数进行衡量。Pearson 相关分析由于其运算简便，最常被用于可再生能源的互补性研究。不同资源间所呈现的波动，并不能完全适应皮尔逊（Pearson）相关分析对变量的线性约束，因此也可利用肯德尔（Kendall）相关分析和斯皮尔曼（Spearman）相关分析对可再生能源的互补性进行度量研究。相关系数为负值时，表明资源具有互补特性，且绝对值越大互补性越强。

在开展水风光资源互补研究时，还可采用同时率指标大致表征风光等被补偿电源自身和之间的互补性。同时率可理解为特定区域某时段内各电源联合出力最大值与各电源自身出力最大值之和的比值。同时率越小，表示区域内被补偿电源自身及之间的互补性越强。

除此之外，为保障系统稳定运行，也可以波动性为基础自定义互补性指标，如仅以可再生能源发电量的最大值和最小值为基础数据，构建时间互补分量和能量互补分量指标；或者从相邻时间间隙间的随机波动和连续时间窗口内的变化两个角度提出互补波动率和互补谐波率等互补性评估指标。当前对互补性研究指标的要求趋于约束少、表征明确等。

水风光资源互补指通过具有日及以上调节能力的水电站调节，跟踪风电场、光伏电站的出力变化，在风光出力较大时，通过蓄水等方式降低水电站出力；在风光出力较小时，加大水电站出力。通过这种资源互补，减少弃光、弃风等现象的出现，使得资源的利用率得以提升。

3.1.2 电力电量平衡

电能不能大规模储存，生产和消费必须实时平衡。由于具有随机、波动特性的风电、光伏等新能源的大规模接入，进一步加大了电能生产和消费实时平衡的难度。水风光多能互补的一体化开发，是依托流域梯级水电、水电扩机、抽水蓄能开发，按照最大化经济性开发流域风电、光伏的原则，利用水电站的调蓄库容，充分发挥流域水电调节潜力，形成水风光一体化出力，可以大大提升电能质量和对电网的友好性，从而提高供电的可靠性、安全性和经济性。水电可以通过（梯级）水电站、抽水蓄能电站等形式参与风光互补。

在水风光多能互补系统中，利用水电机组的快速调节能力对风电和光伏进行实时补偿。当系统负荷需求较小而风、光发电功率较大时，通常降低水电的出力，将水电资源用于发电的部分水量存蓄库内。当系统负荷需求较大而风、光发电功率较低时，水电加大出力以尽量满足电力需求。考虑新能源的时空资源分布特性和电力系统实际运行条件后，使得原本波动、随机的风光出力能够在叠加水电补偿后满足负荷需求，为电网消纳风电和光伏创造有利条件（图3.9）。借助水库的调蓄作用，在时间和空间上灵活分配，可以有效提升水电参与电网调峰和提升新能源消纳的能力，提高系统整体效益。

在风光蓄多能互补系统中，当风电和光伏的发电功率低于负荷功率时，抽水蓄能电站处于发电状态，输出满足当前时刻的负荷功率差；当风电和光伏发电功率高于负荷功率时，抽水蓄能电站处于抽水状态，消耗多余的风光出力，使得多能互补系统出力满足负荷要求。当风电和光伏发电功率刚好满足负荷需求，此时抽水蓄能电站不参加系统的互补运行。风光蓄多能互补系统与水风光多能互补系统最大的区别在于，抽水蓄能电站可以通过主动抽水至水库，调节水库储能量，实现对风光发电量的时空转移。

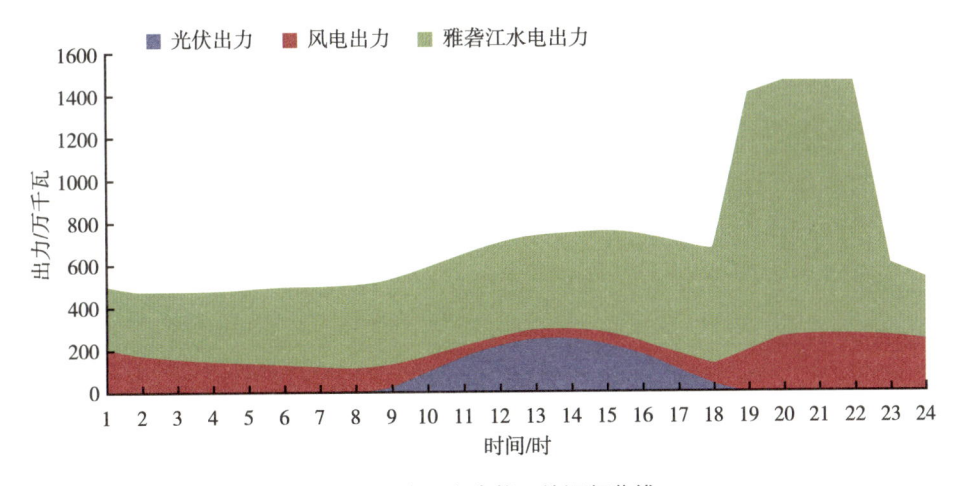

图3.9 水风光多能互补运行曲线

3.2 水风光多能互补开发模式

水风光多能互补的开发模式类型较多，从电源配置互补角度可以分为常规水电站与风光电站互补、抽水蓄能电站与风光电站互补、常规水电及抽水蓄能电站与风光电站互补等；从源网荷互补角度，可以分为电源侧、电网侧和需求侧互补三种开发模式，电源侧互补开发又可以分为电站级互补开发和流域级互补开发两种（见图3.10）。

3.2.1 常规水电站与风光互补开发

从电源侧和电网侧两个角度分析研究常规水电与风光互补的开发模式。

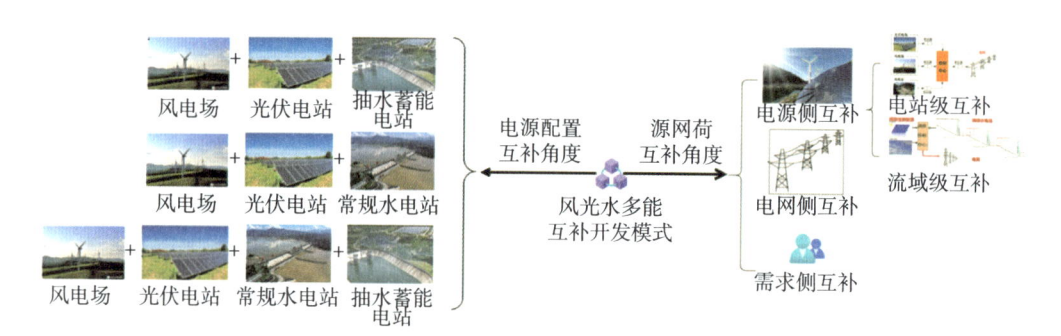

图 3.10 水风光多能互补开发模式

（1）电源侧互补开发

从电源侧来看，要充分发挥常规水电启停迅速、运行灵活、跟踪负荷能力强的优势，可将风电、光伏发电接入梯级水电站后打捆送至电网，有利于平抑风光出力波动性和增强电网的运行稳定性，以实现清洁能源的大规模开发利用。

目前，雅砻江、金沙江、澜沧江、乌江等大型水电基地均已规划或推进水风光多能互补系统建设，"十四五"末新能源装机预计将达到水电装机规模，形成多座千万千瓦级多能互补清洁能源示范基地，这既是我国为世界能源转型和发展贡献的中国智慧和创新模式，也代表着未来我国水电发展和能源系统转型的重要方向。

从多能互补开发规模角度，可以把电源侧互补开发分为电站级互补开发和流域级互补开发两种。

1）电站级互补开发模式。水电站与风电、光伏电站距离较近，通常采用电站级互补开发模式，水电站和风、光电站直接接入同一个母线，通过同一输电通道送出，这时水电站与风光电站组成的电站级水风光多能互补系统可以被看作"虚拟水电"，水风光打捆并网运行（见图 3.11）。

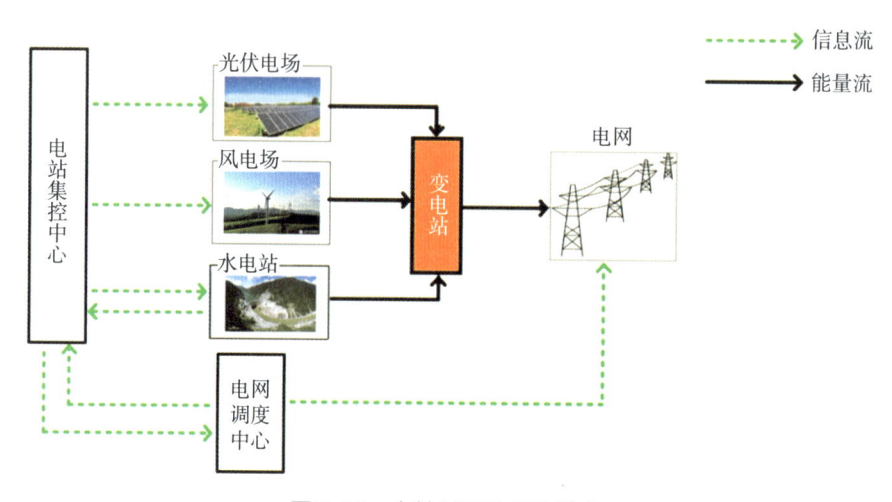

图 3.11 电站级互补开发模式

电站级水风光多能互补系统通常以弃电量最小、波动性最小、保证出力较大等为调度目标，日内在光伏和风电出力较大时减少直至停止水力发电，进行蓄水储能；在风电、光伏出力较小时泄水发电。同时，水电具有规模化储能和快速响应的特点，可平抑风电和光伏发电的日内随机波动或日间周期波动。优化常规水电站和风光电站联合发电调度方案，提高互补发电系统运行效率和经济性，减少弃风弃光。

2）流域级互补开发模式。梯级水电和风电、光伏电站群分布在流域周边十几至几百千米，在流域距离负荷中心比较远的情况下，通常可采用水风光流域级互补开发模式，同一梯级和不同梯级的水电和风电、光伏通过输电系统，连接到统一的汇流变电站，经过输电线路进行送出（见图3.12）。

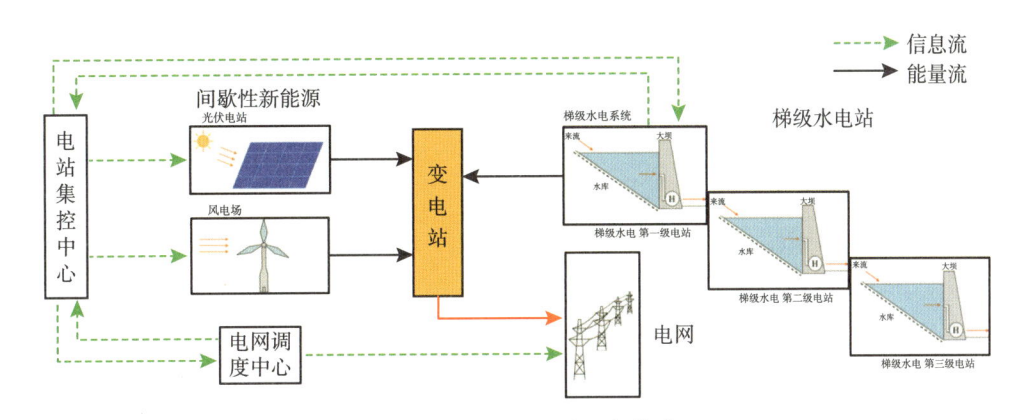

图 3.12 流域级互补开发模式

流域级水风光互补发电系统的并网调度方式和电站级风光互补发电系统的调度方式基本相同。在互补运行时，更应注意梯级水电站之间的互相影响，充分挖掘梯级水电站的调节能力，水电、风电、光伏的广域分布给相互之间的协同控制带来了困难，需采用分层分布式系统控制模式。另外，在流域开发中，可能存在多开发主体之间的利益博弈也是值得关注的问题。

在流域级水风光多能互补发电系统中，可以在某一梯级采用建设可逆机组，或者增加大泵的方式，进一步提升梯级水电对于风电、光伏电站群的调节能力。增加可逆机组或大泵，丰富了调节手段，同时也给梯级水电的调度提出了新的挑战。因此，如何对可逆式机组/大泵与梯级水电其他机组进行协同运行，消纳更多的风电、光伏是当前本领域研究的热点问题。

（2）电网侧互补开发

水电和风电、光伏发电在某一区域电网内分散分布，通常采用电网侧互补的模型，水电、风电和光伏电站分散接入区域电网，通过电网的调度，发挥水电的调节能力，与风电、光伏发电实现互补，从而满足电力负荷需求。

电网侧水风光多能互补系统的年内运行方式，通常将水电发电量最大化的运行目标改变为清洁能源发电量最大的运行目标，达到满足电网安全需求、提高电网调峰能力、响应国家节能减排政策、实现电力电量平衡、提高清洁能源消纳的目的。

常规水电典型日运行主要根据来水情况，在保障不弃水的情况下，发挥灵活调节能力与风电、光伏互补运行，减少新能源弃电并保障电网调峰需求；在大规模新能源接入背景下，需要根据新能源的发电能力，配合新能源运行，保障系统稳定运行。

3.2.2 抽蓄与风光多能互补开发

（1）电源侧互补模式

抽蓄与风光场站群互补开发模式是利用抽蓄附近的风电、光伏资源，实现太阳能、风能、抽蓄系统的联合运行，构建风－光－抽蓄多能互补发电系统（见图3.13）。利用抽水蓄能运行灵活、启停快速、可抽可发的特点，风电场、光伏电站和抽水蓄能电站建立的联合系统运行方式如下：

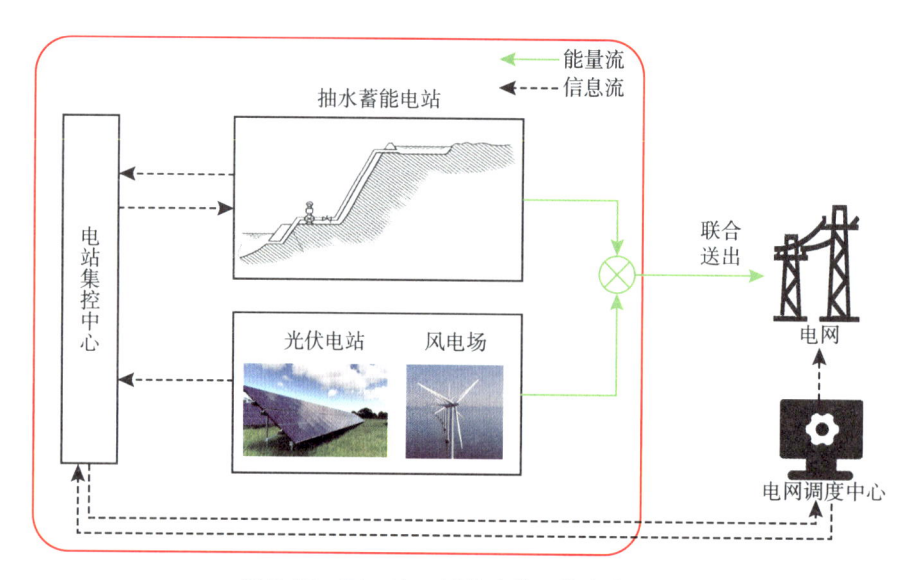

图3.13 风－光－抽蓄多能互补发电系统

1）当风光电站发电量充足，能满足电网负荷或送出通道电力需求时，抽水蓄能电站通过抽水将多余电量存蓄库内。例如在夜间风速较大，电网负荷较低，抽水蓄能电站抽水机组开始运行，将多余的风能以水能的形式储存起来，以备用电高峰时段风光电输出不足时发电使用；对于外送型多能互补基地，当午间光伏大发时，抽水蓄能电站可消纳超通道部分新能源电力用于储能，在夜晚受端用电高峰时发电。

2）当风光电站发电量不足，不能满足电网负荷的需求时，抽水蓄能电站开始发电，以满足电网的需求。例如在白天，若电网负荷较大，风光电站按设计出力发电仍无法满足电网需求时，抽水蓄能电站发电机组运行发电，对电网负荷进行快速追踪，减少风光电对电网的冲击。

从经营模式上来说，抽水蓄能和风电、光伏可以分为"一体化"和"联合"两种经营模式。在"一体化"经营模式下，风光发电机组和抽水蓄能发电机组属于同一业主，风光发电机组可通过内部输电线路和抽水蓄能电站相连，协同运行获得最大收益，当风光站点分布范围较广时，风光电站可与抽水蓄能电站共同汇聚至汇流站。在"联合"经营模式下，风电、光伏和抽蓄属于不同的业主，抽水蓄能机组调节灵活，可以为风电、光伏出力提供调节能力，减少风电、光伏直接并网运行和参与市场运行的风险，但同时也导致了额外的抽蓄运行成本，在"联合"经营模式下，抽水蓄能电站将与风电、光伏等新能源发电企业以各自的效益最大为目标进行博弈，达到均衡。

（2）电网侧互补模式

风电、光伏等新能源电力的大规模并网，一方面，加大了电网的调峰压力，特别是高比例新能源接入后，使火电机组更易进入深度调峰状态，增加了火电运行成本，电网对调峰资源的需求提高；另一方面，风电、光伏新能源固有的随机性、间歇性和波动性，使电网的安全稳定运行问题愈发突出，电网对调频等资源的需求进一步提升。因此，在高比例新能源接入的电网中，大力发展抽水蓄能，利用抽水蓄能具有的调峰、调频、调相和储能等作用，可以促进新能源消纳，保证电网的安全稳定运行。抽蓄与风光的互补性可以体现在以下几个方面：

1）在调峰方面，抽水蓄能作为目前唯一的大型、快速、成熟、环保储能手段，可抽水和发电双向灵活调节，能更好地适应新能源的反调峰特性，有效缓解因新能源不稳定导致的高峰负荷供给问题和因低谷时段新能源大发导致的消纳困难问题。

2）在调频方面，抽水蓄能机组启停时间短、调节速度快，具有双倍于额定容量的调节能力，可有效应对新能源出力波动造成的供需不平衡问题，确保系统频率稳定。

3）在调相方面，抽水蓄能有发电调相、抽水调相等多种调相工况，可进相、滞相运行，具备灵活、快速、宽幅无功调节能力，更可以通过自动电压控制功能实现无功自动跟踪调节，可有效缓解新型电力系统中日益复杂的无功平衡问题，确保系统电压稳定。

4）在安全保障方面，抽水蓄能是具有发电、抽水、调相三种运行工况的同步机组，多种运行工况转换时间在秒级至分钟级之间，可灵活开展顶出力、切负荷等操作，是新型电力系统安全防御体系的重要组成部分。它可以深入参与电力系统"三道防线"建设。在负荷低谷时段发生直流闭锁时，抽水蓄能机组可以以毫秒级响应安全切除抽水机组额定负荷，有效应对电网大规模功率缺额冲击。抽水蓄能的转动部件提供的大量机械转动惯量，可以大大增强电力系统抗扰动能力，维持系统动态和静态频率稳定。

3.2.3　常规水电－风电－光伏－抽蓄多能互补开发

常规水电－风电－光伏－抽蓄多能互补开发（简称水风光蓄多能互补）是在常规水电－风电－光伏多能互补开发模式基础上的创新，主要可应用于两种场景，一是新能源资源富集但常规水电规模较小的区域；二是新能源资源富集，常规水电具有一定规模，但为了更大规模促进新能源开发。一般常规水电可配套开发相当于自身装机规模 1～1.5 倍的新能源，配置抽水蓄能电站后可将这一数值提升到 3～4 倍，形成更大规模的绿色清洁可再生能源示范基地。常规水电在此开发模式下既承担支撑性电源作用又发挥灵活调节性电源作用，为此类基地提供可靠的电力保障；抽水蓄能电站发挥调峰、储能等作用，既可吸纳负荷较小但新能源大发时段的新能源出力，又可吸纳负荷较大但新能源集中大发时段超通道部分的新能源出力，将该部分新能源出力储存至库内，在新能源较小负荷需求较大时段发电，大大增强基地灵活调节能力和新能源吸纳能力。目前，此类开发模式已逐步应用到澜沧江上游、金沙江上游、藏东南、雅砻江等多个大型可再生清洁能源基地。

3.2.4　水电－风电－光伏－光热多能互补开发

水电－风电－光伏－光热多能互补系统是一种电源侧的互补开发形式，其结构如图 3.14 所示。在水电－风电－光伏－光热多能互补系统中，可以通过水电站和光热电站的主动调节，将部分能量以水能和熔融盐热能的形式留存在水库和储热罐中。当电网中负荷增加而新能源出力不足时，可以通过增加水电、光热电站出力，满足系统负荷需求，从而实现水电－风电－光伏－光热多能互补。

为了实现水电－风电－光伏－光热多能互补开发，需要同时满足场址具有充足的辐射资源、风资源和水资源，自然灾害较少。我国西部的自然条件优越，人口稀少，适合建造大规模的光热、光伏及风电场，可以实现与附近水电的互补开发与运行。

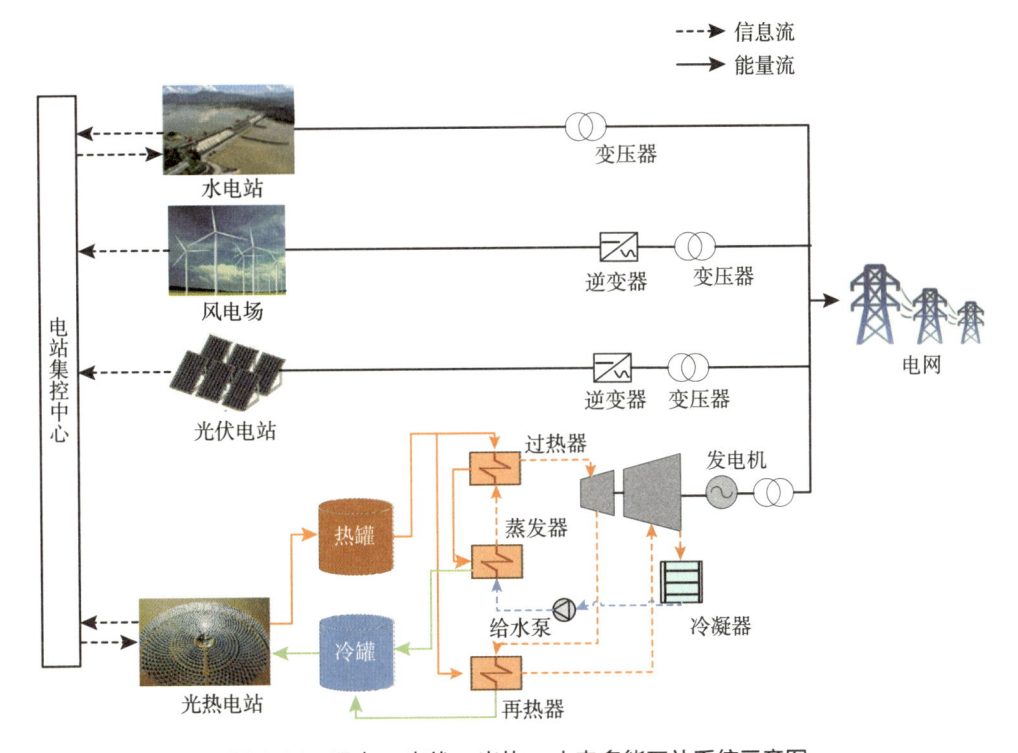

图 3.14　风电 - 光伏 - 光热 - 水电多能互补系统示意图

3.2.5　分布式水风光多能互补开发

当前，我国以分布式能源、可再生能源为代表的新型能源系统，与常规集中式供能系统的有机结合，将成为未来能源系统的发展方向。

分布式水风光多能互补系统是一种面向需求侧的水风光多能互补开发模式，即在靠近负荷的区域内，开发分布式的风电和光伏，以及小型水力发电，对其进行互补运行调控，以满足就地用电要求，多余电力送入当地配电网（见图 3.15）。小水电可以采用可逆式机组，进一步提升分布式互补系统的调节能力。

分布式水风光多能互补系统主要有近用户、高能效的优势，主要体现在以下几个方面：

1）建设容易，投资少。单机容量和发电规模都不大，不需要建设大电厂和变电站、配电站，土建和安装成本低、工期短、投资少。

2）靠近用户，输配电简单，损耗小。靠近电力用户，一般可直接就近向负

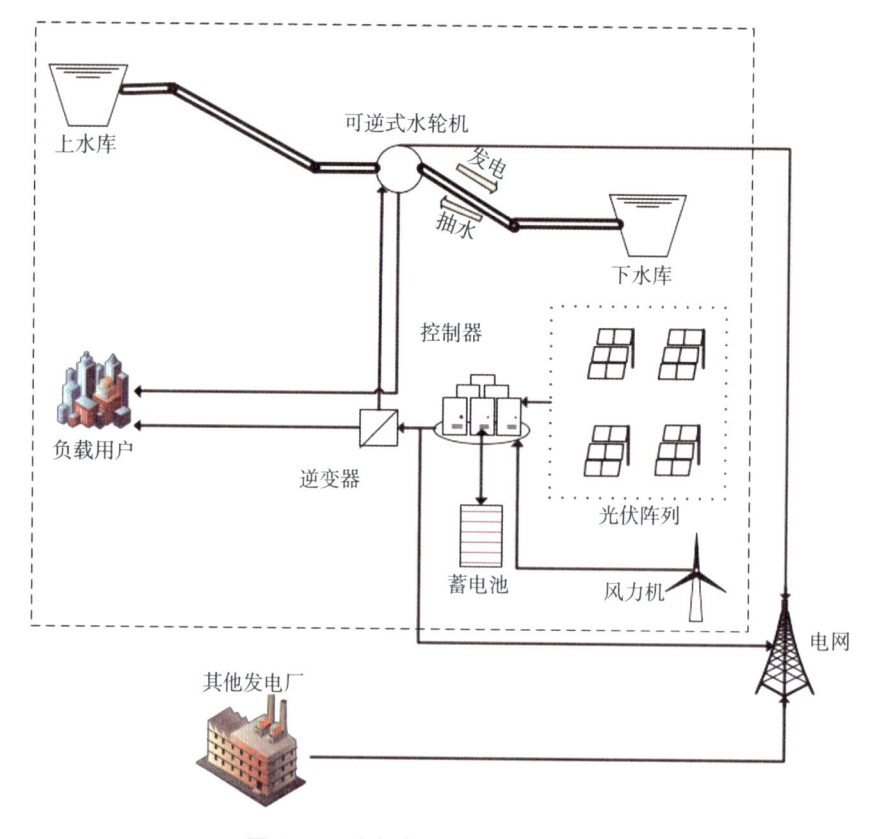

图 3.15 分布式水风光多能互补系统

荷供电，而不需要长距离高压输电线，输配电损耗小，建设简单廉价。

3）污染少，环境相容性好。可充分利用可再生清洁能源。

4）能源利用效率高。科学合理地实现能源的梯级利用。

5）运行灵活，安全可靠性有保障。小机组的启动和停运快速、灵活。可作为备用电源。

6）联网运行，有提供辅助性服务的能力。可与电网联合运行，互相补充，既能提高本身的供电可靠性，还能为大电网提供辅助性的服务。

7）解决边远地区的用能问题。边远地区集中供能代价高昂，根据当地资源禀赋，因地制宜地发展分布式能源，可有效解决边远地区的用能问题。

3.3 本章小结

本章首先论述了水风光多能互补的互补特性。从资源时空分布角度，讨论了水风光资源的时空互补特性；从电力电量平衡角度，讨论了风光抽蓄多能互补系统和水风光多能互补系统的电力电量互补特性。本章还论述了水风光多能互补的开发模式，针对常规水电站与风光场站群、抽蓄与风光场站群、水电–风电–光伏–抽水蓄能、水电–风电–光伏–光热以及分布式水风光互补等开发模式进行了归纳和总结。

参考文献

[1] Abhnil A. Prasad, Robert A. Taylor, Merlinde Kay. Assessment of solar and wind resource synergy in Australia [J]. Applied energy, 2017, 190: 354–367.

[2] 王亮, 陈刚, 苗树敏, 等. 梯级水光联合发电系统短期优化调度模型 [J]. 水力发电, 2020 (3): 94–98.

[3] 张歆蒴, 黄炜斌, 王峰, 等. 大型风光水混合能源互补发电系统优化调度研究 [J]. 中国农村水利水电, 2019 (12): 181–186.

[4] 刘德民, 耿博, 赵永智, 等. 水风光能源互补形式的研究探讨 [J]. 水电与抽水蓄能, 2021 (5): 13–19.

[5] 戚永志, 黄越辉, 王伟胜, 等. 高比例清洁能源下水风光消纳能力分析方法研究 [J]. 电网与清洁能源, 2020, 36 (1): 55–63.

[6] 魏明奎, 蔡绍荣, 江栗. 高水电比重系统中梯级水电群与风光电站协调调峰优化运行策略 [J]. 电力科学与技术学报, 2021, 36 (2): 199–208.

[7] 许欣慧, 舒征宇, 陈锴, 等. 减少弃水的风–光–梯级水电站双层优化模型 [J]. 可再生能源, 2020, 38 (11): 1500–1507.

[8] 谢航, 朱燕梅, 马光文, 等. 水风光混合能源短期互补协调调度策略研究 [J]. 水力发电, 2021, 47 (9): 100–105.

[9] 谢小平. 黄河上游水电开发与水风光互补技术研究 [J]. 水电与抽水蓄能, 2022, 8 (2): 16–26.

[10] 西北勘测设计研究院. 黄河上游水电开发有限责任公司龙羊峡水光互补二期530MWp并网光伏电站工程可行性研究报告 [S]. 2019.

[11] 西北勘测设计研究院. 金沙江上游川藏段水风光互补研究报告 [S]. 2019.

第4章 水风光多能互补规划

围绕水风光多能互补规划原则与目标、一体化开发规划、基地容量配置、总体规划布局等方面介绍了水风光多能互补规划思路，旨在分析提出规划阶段的技术实施步骤，助力水风光多能互补开发。

4.1 水风光多能互补规划的原则与目标

4.1.1 规划的原则

（1）生态优先、清洁零碳

坚持保护与发展协同推进，严格落实生态环境保护法律法规和要求，将生态优先贯穿水风光多能互补开发利用全过程，推进绿色零碳发展、人与自然和谐共生，促进能源结构优化调整和产业升级。

（2）稳定运行、安全可靠

着眼于水风光多能互补开发外送消纳，统筹电源与电网，平衡送受端资源，研究克服技术难题，实现规划、设计、建设、运营全生命周期的安全可靠，提升可再生能源生产、输送和消费整体效率，提高电网安全稳定运行和外送通道高效利用水平。

（3）科学规划、互补开发

科学规划、协调各方、有序实施，扎实有效推进集约化规划建设，做好调节电源、风光新能源、输电通道建设投产时序有机衔接，协调好资源调查、项目前期、工程施工等各环节，促进规划顺利落地实施。

（4）先行示范、树立标杆

推进典型水风光多能互补示范基地先行先试，加快开发建设步伐，积极示范应用可再生能源领域先进技术，尽早形成规模化外送能力，探索形成适应多能互补要求的管理体制和工作机制，为可再生能源大规模开发提供解决方案，为全国水风光多能互补开发建设树立典范和标杆。

4.1.2 规划的目标

实现双碳目标，能源绿色低碳转型是关键。新时代水电功能定位逐步转变为电量和容量支撑并重，助力新能源快速发展，成为构建新型电力系统的重要调节性资源。依托主要流域水电调节能力，配套建设相当规模的风电、光伏新能源发电项目，推进水风光多能互补开发是新时期可再生能源高质量发展之路，也为水电提供了新的发展机遇。一方面以此为契机，积极推进既有流域水电扩机及电站机组增容改造，进一步提升梯级水电调节能力，支撑新能源大规模发展；另一方面考虑到风电、光伏进入平价时代，通过水风光多能互补规划建设、运行消纳，可提升待开发水电经济性以及水风光的整体质量和竞争力。

我国水力资源理论蕴藏量丰富，风能、太阳能资源禀赋亦十分优越，但存在能源资源与负荷需求逆向分布特征，风电场、光伏电站、水电站等项目资源开发存在较大差异，为发挥规模效应，降低开发成本，提高资源利用效率，有必要对水风光资源合理规划，依托水电基地的调节能力和输电通道建设，统筹规划周边风电、光伏发电等开发时序。水风光多能互补规划目标主要是促进可再生能源消纳，提升基地综合效益，保障系统安全稳定运行，涉及整体经济性、系统稳定性、需求匹配度等。

水风光多能互补规划目标主要包括3个方面：一是可再生能源消纳准则，水、风、光弃电量最小；二是效益准则，系统投资运行成本最小、发电效益最大等；三是系统稳定运行准则，系统出力波动最小、负荷偏差最小等。

（1）促进新能源消纳

随着资源消耗和环境破坏问题加剧，我国乃至全球均不同程度面临能源匮乏、生态环境恶化等困境，发展可再生能源迫在眉睫。从"十二五"规划开始，国家大力推进水、风、光可再生能源电站建设。"十三五"和"十四五"规划对于发展可再生能源提出了更高的要求，逐步实现从增量主体向主体地位的转变。与此同时，可再生能源面临消纳问题。虽然随着输电技术、调度技术发展，弃电问题将在一定程度上得以缓解。但是，相关统计表明，我国云贵川、陕甘青宁等地每年仍存在弃水、弃风、弃光问题。根据《中国可再生能源发展报告2021》，全国全年弃水电量约184亿千瓦·时，弃光电量约67.8亿千瓦·时，光伏发电年平均利用小时数为1163小时，全年弃风电量约206.1亿千瓦·时，风电年平均利用小时数为2246小时。

（2）提高整体发电效益

大中型水电工程投资较高，一般可达几十亿、上百亿元人民币；建设工期一般在 6 年以上。与此相比，风电场、光伏电站的建设周期和成本优势明显。过去 10 年，我国陆上风电和光伏发电项目单位千瓦平均造价分别下降 30% 和 75% 左右。水风光多能互补开发有助于降低综合成本。此外，水风光多能互补清洁电量替代煤电发电量，降低燃料消耗量和相应开采运输费用，具有节煤减碳效益。

（3）保障系统安全稳定运行

独立风电和光伏电站在无风和阴雨等天气条件下无法保证电能的连续供应，需要配备相应容量的储能设备。采用水风光多能互补发电，可有效缓解风、光单一发电不稳定问题。水风光多能互补运行后的出力平稳性明显优于风、光单独运行，还可提高追踪负荷变化能力，缓解风光出力预测不确定性的影响。

4.1.3 基础条件

水风光多能互补规划基础条件主要包括资源条件、建设条件、送出和消纳条件等。

（1）资源条件

水风光多能互补开发一般应具有较好的可再生能源资源条件，新能源场址集中连片，水电或者抽水蓄能电站具有较好调节能力，电源汇集方便。水风光资源具备多重互补性，水电与风光形成丰枯季节性互补，风光之间形成白天和夜间日内互补。

（2）建设条件

水风光多能互补开发应具备较好的建设条件，水电项目符合流域水电规划要求，经济指标较好；抽水蓄能电站项目具备水源条件、地形地质条件、枢纽布置及施工条件等；风光场址适宜建设集中连片基地，具备一定的地形地貌、气候条件、并网条件等，场址不存在环境制约因素。

（3）送出和消纳条件

水风光资源富集区域一般位于偏远地区，通常本地负荷水平较低，丰富的风能和太阳能资源以大规模集中开发和特高电压远距离输送为主，外送线路和消纳需统筹协调送、受、输三方需求，确保送出通道安全可靠，清洁能源电量得以有效消纳。

4.2 水风光多能互补的规划理念与主要内容

4.2.1 规划理念

水风光多能互补开发是依托流域梯级水电、水电扩机、抽水蓄能电站，按照充分开发流域风电、光伏的原则，通过深度挖掘流域水电调节潜力，优化水风光组合运行方式，形成大规模、高比例可再生能源综合开发基地，综合协调资源配置、规划建设、调度运行、市场消纳，提高综合开发经济性。对于远离负荷中心的综合基地，通过推动水电扩机、新建抽水蓄能电站，促进流域风光资源开发，打捆送出，实现集约化高效发展。对于临近负荷中心的综合基地，研究扩机和建设混合式抽水蓄能电站方案，网内互补，进一步提升电力系统对风电、光伏的消纳能力。

4.2.2 主要内容

水风光多能互补开发规划，坚持统筹优化、生态优先、集约高效、科学可行，与资源开发利用、生态环境、国土空间、地方发展等统筹协调，实现整体最优。

（1）流域水电调节能力分析

梳理流域干支流水电规划建设情况，分析水电扩展潜力及流域内抽水蓄能站点资源情况。重点分析水电及抽水蓄能对风光出力随机性、波动性、间歇性的适应能力，以及对发电质量和基地输电通道安全的保障程度。

（2）风光资源和开发潜力分析

流域风光资源调查和评价是水风光多能互补规划研究工作的基础，主要是摸清流域风光资源开发潜力并确定可开发的重点项目。针对流域风光资源情况，提出技术可开发量。技术可开发量是确定水风光多能互补项目中风光资源配置的前提，以此为基础分析流域水电调节能力并结合资源配置研究，提出规划开发量。

（3）资源配置及布局研究

结合流域风电、光伏发电规划成果，按照经济合理可行的原则，以充分发挥水电调节能力为主，进行统一配置研究。根据资源配置结果，区域风光资源分布状况和特点，综合考虑建设条件，推荐风光场（站）址，并根据所在区域电网情况、电源规模、电源相对位置等，初拟电源接入方案。结合资源配置，分析电源日内、年内出力等运行特性，不同运行方式对风电、光伏发电消纳规模的影响，以及对生态环境、电站综合利用的影响。

（4）水风光多能互补规划建设研究

根据项目布局和水电开发进度，分析提出开发建设初步设想，包括开发时序和开发规模，以及不同水平年重点建设项目。

（5）水风光多能互补消纳研究

初步分析潜在受电区的市场空间，分析流域送出通道条件，提出目标消纳市场的初步考虑。初步测算规划水平年流域水风光多能互补综合基地的电量消纳情况，提出流域水风光汇集初步考虑，提出输电通道规划建设建议。

（6）水风光多能互补经济性研究

结合流域内各类电源地形地质等条件、水风光初步汇集方案，概算水风光多能互补综合项目投资，测算综合利用率、综合利用小时数、综合开发成本、综合上网电价，初步分析水风光多能互补的市场竞争力。

4.3 水风光多能互补基地容量配置

对于水电系统来说，高比例风电、光伏接入带来了更大的电量效益，同时也给系统带来更大风险。如何找出最优的多能互补容量配比，在保证系统运行安全的前提下使多种能源打捆外送效益最大，实现风险和效益的平衡是规划的关键，水风光多能互补容量配置研究是构建多能互补基地的核心。

4.3.1 研究思路

水风光多能互补容量配置主要研究流域水电调节能力带动风光资源开发的经济合理规模，考虑：①利用常规水电和抽水蓄能长、中、短周期储能和调节能力，尽可能带动流域风光开发；②梯级水电站以不新增弃水以及不影响水电承担原有综合利用任务为前提，抽水蓄能电站优先利用富余风光电量，促进风电、光伏消纳，提高资源利用率；③考虑电力外送安全稳定运行要求。研究思路如下：

1）在满足生态环境保护相关要求的基础上，明确流域内常规水电、水电扩机、抽水蓄能以及风光的可开发规模。

2）以最大化开发流域风光资源为目标，考虑风光合理利用率和通道利用率，确定合理的调节电源规模范围。

3）以梯级水电（含扩机）为基础，综合考虑抽水蓄能电站建设条件、风光可开发场址相对位置及前期工作基础，确定纳入配置的常规水电、抽水蓄能电站、风电场、光伏电站。

4）根据水风光电站的资源条件、调节能力和发电特性，兼顾受端需求，考虑现有远距离输电技术的成熟度和经济性，初拟输电通道规模。

5）以确定的调节电源为基础，按照一定的原则，拟定不同风光规模方案，通过电力生产模拟计算和技术经济比较，遍历所有的方案，提出水风光多能互补优化配置方案。

4.3.2 研究基础及主要内容

4.3.2.1 容量配置研究基础

（1）明确研究范围

水风光多能互补一般在水能资源富集流域，对于水能资源匮乏，但新能源资源富集（尤其是沙漠、戈壁、荒漠）地区，且具备修建抽水蓄能电站条件，可建设风光蓄多能互补基地。

（2）研究水电及抽水蓄能调节能力

对于水能资源富集区，主要是梳理分析流域已建、在建及水电规划情况，研究分析流域调节能力，预测未来调节能力。结合流域水电项目建设条件，上、下游发电流量合理匹配等，研究分析流域水电扩机潜力。后续可根据新能源资源调节需求，说明水电扩机必要性和规模。分析流域内已建、在建和规划建设的抽水蓄能电站项目。

对于水能资源匮乏，但新能源资源富集（尤其是沙戈荒）地区，主要梳理分析区域已建、在建抽水蓄能情况，研究分析抽水蓄能调节能力。根据抽水蓄能资源情况，进行抽水蓄能滚动规划并分析新增调节能力。新增规划站点按规划深度开展工作，主要以现场查勘和室内分析为主。

（3）分析研究范围内具备调节能力火电情况

梳理研究范围内及周边已建、在建火电情况并分析调节能力。

（4）分析研究范围内风能、太阳能资源和开发潜力

根据风能、太阳能资源条件，已建、在建及规划风电项目、光伏电站项目情况，提出风电、光伏发电潜在开发场址布局及开发潜力。

4.3.2.2 容量配置主要研究内容

（1）多能互补出力特性

结合风电、光伏场址分布情况，暂以装机加权获取流域内风电、光伏出力特性，并对风电、光伏发电的资源特性，年出力特性、日出力特性及出力波动性进行分析；分析水电丰水年、平水年、枯水年出力特性；分析抽水蓄能电站抽水发电特性。针对水能资源富集流域，围绕每个水电站，深入分析水电与风电、光伏电站等各类电源的互补特性；针对水能资源相对匮乏、风光和抽水蓄能资源丰富的区域，围绕抽水蓄能站点，深入分析区域内风电、光伏、抽水蓄能资源互补特性。

（2）多能互补运行模拟

结合拟定的送电过程、可再生能源资源条件等，拟定不同的电源组合方案，开展全年逐小时电力生产模拟。

(3)多能互补消纳

结合水风光资源条件、所在电网和目标电网的电力电量消纳情况等初步分析判断可能消纳方向,主要包括外送和本地消纳。对于外送,拟定特高压直流送电曲线;对于本地消纳,在本系统进行电力电量平衡、调峰容量平衡等计算。

(4)多能互补评价

对于外送方案,容量配置宜采用新能源利用率、资源综合利用率、综合利用小时数、综合开发成本、综合电价等指标,评价确定推荐方案。对于本地消纳方案,以不增加系统调峰需求为原则,综合考虑弃电率、经济性等因素,合理确定容量配置方案。

(5)存量水电扩机

对于存量水电扩机,重点以扩机前后系统内消纳新能源规模差异作为多能互补带动新能源开发规模。

(6)容量配置方案

结合各电源组合方案电力生产模拟优选结果,研究提出水风光多能互补容量配置方案。明确多能互补综合项目的电源种类,提出多能互补资源(水、风、光)综合利用率、多能互补综合利用小时数及多能互补综合开发成本等技术经济指标。

(7)规划电源的开发规模及建设时序

根据多能互补项目的电源组织方案,结合环保、军事等敏感因素分析提出规划电源的开发规模及建设时序。结合各类电源布局、开发时序、电网建设现状及规划,提出推荐接入系统方案设想,并分析送出能力,提出初步消纳设想。

4.3.3 容量配置模型框架

4.3.3.1 目标函数

水风光多能互补容量优化配置常以经济性为主要优化目标,在实际应用中普遍采用效益最大目标和成本最小目标。

1)效益最大目标:水风光多能互补投资建设运营全生命周期经济净现值最大。

2)成本最小目标:水风光多能互补平准化度电成本最小。

4.3.3.2 约束条件

多能互补容量配置模型的约束条件一般包括:①水电、风电、光伏电站自身运行相关约束;②受端系统电力需求特性约束;③通道容量和电量约束;④弃水弃风弃光率约束。

4.3.3.3 计算流程

1）分析研究范围内水、风、光各类能源资源禀赋与出力特性；

2）拟定风电场址及装机规模、光伏电站站址及装机规模、水电装机规模；

3）对不同水电装机规模、风电场址及相应装机规模、光伏电站站址及相应装机规模进行组合，形成方案集；

4）针对方案集的各方案，根据上述目标函数和约束条件，开展水风光多能互补运行模拟计算，在满足约束条件前提下，计算目标函数值及技术经济指标；

5）多方案技术经济比选，确定推荐方案。

4.3.4 容量配置评价指标体系

为充分反映水风光在资源、功能、经济上的互补性，有必要建立一套综合评价指标体系。在构建时，各指标数据易得，计算过程不烦琐，具有可操作性。初步考虑从新能源消纳和整体发电效益2个层面，提出15个指标，组成水风光多能互补容量配置评价指标体系，见表4.1。

表 4.1 水风光多能互补容量配置评价指标体系

准测层	指标层	指标单位
新能源消纳	水资源利用率	%
	弃风率	%
	弃光率	%
整体发电效益	水电发电量	千瓦·时
	风电发电量	千瓦·时
	光电发电量	千瓦·时
	输电通道年利用小时数	小时
	总费用现值	亿元
	水电单位千瓦投资	元/千瓦
	风电单位千瓦投资	元/千瓦
	光电单位千瓦投资	元/千瓦
	平均单位千瓦投资	元/千瓦
	上网电价	元/千瓦·时
	输电电价	元/千瓦·时
	落地电价	元/千瓦·时

4.4 水风光多能互补总体规划格局

根据国家关于开展全国主要流域可再生能源一体化规划研究工作有关事项的通知，水风光一体化规划工作已首先在全国主要流域全面展开。水风光一体化，对于远离负荷中心的基地旨在集约开发和送出，对于临近负荷中心的基地重在利用已有资源和提高风光消纳。

水风光一体化规划的意义在于，将新能源规划置于多能互补系统中考虑，以调节电源来统筹布局。在多能互补系统中考虑水电的灵活调节能力和风光的电量支撑。水风光一体化基地在先立后破，保证高比例、大规模开发新能源的同时，要求调节电源有序到位，实现时空一体化。

水风光一体化规划的特点在于，摒弃斑块化、条带化规划，跳出县域、省域的框架，从流域、区域尺度来统筹，以水电基地为框架，在对流域内新能源资源充分盘点的同时，对水电的开发定位和服务对象通盘考虑。尤其在西北偏远地区、沙戈荒地区，负荷需求较低、新能源资源极为丰富，应拓展出围绕抽水蓄能的风光蓄基地模式。

水风光一体化规划的新意在于，水电的品种包含了常规水电、水电扩机以及流域内抽水蓄能，从流域尺度对常规水电规划、水电扩机规划以及抽水蓄能规划进行了统筹。

水风光一体化规划的关键在于，全生命周期一体化研究。第一，研究可再生能源资源互补特性，进行一体化资源配置；第二，重点关注建设时序和建设周期，进行一体化规划建设；第三，基于水情预报和风光预测，研究多能互补联合运行；第四，多能互补系统进行综合测算和一体化经济评价；第五，考虑内需和外送，根据技术经济可行性，选择消纳目标市场。

按照流域水电调节能力以及风光资源条件，可将水风光一体化分为3种主要模式。

模式一，常规水电规模大、调节能力强的地区，风光资源富集，此时应结合扩机、抽水蓄能建设，新增外送通道，大规模开发流域风光资源，比如金沙江上游、黄河上游、藏东南等地。

模式二，常规水电规模大、调节能力强的地区，但风光资源较为一般，此时需要利用现有通道，接入适量风光，提升通道利用率，比如金沙江中游、金沙江下游、大渡河等地。

模式三，常规水电规模小、调节能力弱的地区，但风光资源尤为富集，此时需要在新能源资源富集区域，配置抽水蓄能，构建以抽水蓄能为主体的风光蓄一体化基地，比如青海、甘肃、新疆、内蒙古等地。

水风光一体化几种模式均可大规模促进风光发展。其中，模式一和模式三为新增基地模式，可大规模带动流域风光资源开发；模式二主要利用现有通道，可提升存量通道资源的利用效率。水风光一体化方式力求尽可能带动风光资源开发，目前主要在我国西南水电基地和西部、北部新能源基地进行探索研究和应用试点。

4.5 本章小结

本章阐述了水风光多能互补规划的原则与目标，规划的主要研究内容和容量配置计算等。在规划目标中，明确提出水风光多能互补是为了促进可再生能源消纳、提升综合效益和保障系统稳定运行。规划研究的基础条件包括资源条件、建设条件和送出消纳条件。规划旨在依托流域梯级水电、水电扩机、抽水蓄能电站，充分开发流域风电、光伏，形成大规模、高比例可再生能源综合开发基地，实现打捆送出或网内互补。规划中容量配置的核心在于摸清资源条件，分析调节能力，拟定可能方案，以及技术经济的多方案比选。从促进新能源消纳和整体发电效益两方面，初步建立一套评价水风光多能互补容量配置方案的评价指标体系。结合正在开展的水风光规划研究，介绍了当前水风光一体化开发规划格局。

参考文献

[1] 彭程，彭才德，高洁，等. 新时代水电发展展望[J]. 水力发电，2021，47（8）：1-3.

[2] 申建建，王月，程春田，等. 水风光多能互补发电调度问题研究现状及展望[J]. 中国电机工程学报，2022，42（11）：3871-3885.

[3] 蔡建章，蔡华祥，吴东平. 水电站弃水电量计算探讨[J]. 电力系统自动化，2000（10）：64-65.

[4] 周强，汪宁渤，冉亮，等. 中国新能源弃风弃光原因分析及前景探究[J]. 中国电力，2016，49（9）：7-12，159.

[5] 叶林，屈晓旭，么艳香，等. 风光水多能互补发电系统日内时间尺度运行特性分析[J]. 电力系统自动化，2018，42（4）：7.

[6] Kern JD, Patino-Echeverri D, Characklis GW. The Impacts of Wind Power Integration on Sub-Daily Variation in River Flows Downstream of Hydroelectric Dams [J]. Environmental Science & Technology, 2014, 48(16): 9844-9851.

[7] Bett PE, Thornton HE. The climatological relationships between wind and solar energy supply in Britain [J]. Renewable Energy, 2016, 87: 96–110.

[8] Guo Y, Ming B, Huang Q, et al. Risk-averse day-ahead generation scheduling of hydro-wind-photovoltaic complementary systems considering the steady requirement of power delivery [J]. Applied Energy, 2022, 309: 118467.

[9] 姚良忠，朱凌志，周明，等. 高比例可再生能源电力系统的协同优化运行技术展望 [J]. 电力系统自动化，2017，41（9）：36-43.

[10] 黄显峰，格桑央拉，吴志远，等. 水光互补能源基地的多时间尺度优化调度 [J]. 水力发电，2022，48（1）：106-111.

[11] 黄显峰，鲜于虎成，许昌，等. 基于水光短期互补策略的中长期优化调度 [J]. 水力发电学报，2022，41（11）：68-78.

[12] 闻昕，孙圆亮，谭乔凤，等. 考虑预测不确定性的风-光-水多能互补系统调度风险和效益分析 [J]. 工程科学与技术，2020，52（3）：32-41.

[13] 明波，黄强，王义民，等. 水-光电联合运行短期调度可行性分析 [J]. 太阳能学报，2015，36（11）：2731-2737.

[14] 周孝信，陈树勇，鲁宗相. 电网和电网技术发展的回顾与展望—试论三代电网 [J]. 中国电机工程学报，2013，33（22）：1-11.

[15] 薛禹胜，雷兴，薛峰，等. 关于风电不确定性对电力系统影响的评述 [J]. 中国电机工程学报，2014，34（29）：5029-5040.

[16] Li H, Liu P, Guo S, et al. Long-term complementary operation of a large-scale hydro-photovoltaic hybrid power plant using explicit stochastic optimization [J]. Applied Energy, 2019, 238: 863–875.

[17] 董文略，王群，杨莉. 含风光水的虚拟电厂与配电公司协调调度模型 [J]. 电力系统自动化，2015，39（9）：75-81，207.

[18] 葛晓琳，郝广东，夏澍，等. 高比例风电系统的优化调度方法 [J]. 电网技术，2019，43（2）：390-400.

[19] 徐帆，涂孟夫，李利利，等. 促进清洁能源消纳的全网一体化发电计划模型及求解 [J]. 电力系统自动化，2019，43（19）：185-208.

[20] Ming B, Liu P, Cheng L, et al. Optimal daily generation scheduling of large hydro–photovoltaic hybrid power plants [J]. Energy Conversion and Management, 2018, 171: 528–540.

[21] Ming B, Liu P, Guo SL, et al. Optimizing utility-scale photovoltaic power generation for integration into a hydropower reservoir by incorporating long-and short-term operational decisions. Applied Energy, 2017, 204: 432–445.

[22] Li FF, Qiu J. Multi-objective optimization for integrated hydro-photovoltaic power system [J]. Applied Energy, 2016, 167: 377–384.

[23] 王宏伟，朱雪婷，殷晨曦. 中国光伏产业发展及电价补贴政策影响研究 [J]. 数量经济

技术经济研究，2022，39（7）：90-112.

[24] 易检长，任中俊，谢玉军. 不同结算电价对光伏发电项目经济性影响分析[J]. 建设科技，2022（10）：86-89.

[25] 赵越，白杨，刘思捷，等. 我国电力市场建设中的动态电价风险评估研究[J]. 价格理论与实践，2021（11）：167-172.

[26] 黄显峰，颜山凯，李大成，等. 对水电效益影响最小的水光互补方式研究[J]. 水利水电科技进展，2022，42（6）：1-6.

[27] 高洁. 抽水蓄能-光伏-风电联合优化运行研究[J]. 水电与抽水蓄能，2020，6（5）：25-29，37.

[28] 周建平，李世东，高洁. 促进新能源开发的"水储能"技术经济分析[J]. 水力发电学报，2022，41（6）：1-10.

第 5 章 水风光多能互补系统调度运行

在新型电力系统背景下，接入高比例的新能源发电，电网必须配备具有足够可调容量和调峰速率的调峰电源来维持电网安全稳定运行。短期来看，水电具有较强的调节能力，风电和光伏出力具有间歇性、随机性、波动性、不确定性等特征；长期来看，水电、风电和光伏发电资源均具有各自相对固定的波动规律，具有一定的互补性。要实现新型电力系统中水、风、光能源高质量发展，关键是要充分挖掘水电调控潜力，与新能源随机波动的出力进行互补，依托电网平台，源网荷互动，支撑高比例新能源接入的新型电力系统高效运行。

5.1 水风光多能互补调度运行模式

5.1.1 依托电网互补调度运行模式

水风光依托电网互补调度运行模式，主要是指以大电网为平台，开展水风光多能互补调度，即利用电网中大型水电（群）的调节能力平抑电网中风光等新能源出力波动，保障电力系统的安全稳定运行和可靠供电。

在水电站、风电场、光伏电站分散接入的多电源电力系统中，各电站通常由电网调度中心直接调度。国家发展改革委、国家能源局印发的《解决弃水弃风弃光问题实施方案》和《提升电力系统调节能力指导意见》等文件中明确提出"因地制宜开展跨区跨流域的风光水火联合调度运行，实现多种能源发电互补平衡"。在大规模新能源接入背景下，水电作为优质的调频、调峰电源，可根据来水情况，在满足综合利用要求的前提下，利用空闲容量参与新能源灵活调整，以保障电力系统稳定运行。在编制中长期（月度）水电计划时，按照不同阶段综合用水要求制定水电总下泄水量及对应的总发电量，火电可发电量根据火电开机容量、受阻情况等确定，风、光电量按照预测结果确定，在此基础上按照"富裕送出、不足购入"的原则，安排电网购售电量交易计划，确保整个系统电量平衡。在编制短期水电（旬）计划时，按照水电月电量制定分旬电量计划，旬内根据新能源中长期发电功率预测情况，安排水电超出或低于旬计划，对新能源变化进行灵活调整，保证旬、月内水电电量满足计划要求。在日内调整阶段，利用水能可存储以及水电的快速、灵活的调节能力，跟踪风、光电发电变化过程，及时调整水电发电功率，平抑新能源的快速波动，保证电力系统的安全稳定运行。

5.1.2 水风光打捆互补调度运行模式

水风光打捆互补调度运行模式主要适用于水风光一体化开发和调度，将水风光打捆为一个调度单元，电网调度下发指令到水风光电源集控中心，集控中心协调各个电源的出力，以满足系统负荷需求。一般来说，水风光打捆互补模式应具备以下特点：①各个发电单元应由同一业主投资运行；②梯级水电之间具有强水力耦合联系；③水风光电力通过同一个并网点接入电网。水风光打捆互补调度运行是有效利用水电的灵活性，补偿风电、光伏功率的波动性、间歇性和不确定性，通过具有日及以上调节能力的水电出力调节，跟踪新能源的出力变化，在新能源出力较大时，通过蓄水等方式降低水电站出力；在新能源出力较小时，加大水电站出力，以实现新能源发电的储存和再利用，最终共同满足系统负荷需求。

水风光打捆互补调度运行模式，是实现水风光源端互补的有效探索。特别是对于目前以远距离跨省跨区域输送电量为主的水电站而言，受直流输电运行特性影响，水电站的灵活调节特性并未充分发挥，电站的容量效益有所损失，配合风电、光伏等新能源联合外送，借助水电调节能力，实现长期、中期、短期的水风光电力电量互补，能够有效减少弃风弃光，提高输电通道的利用率，提升输电功率的平稳性，最终促进新能源友好并网。同时，这种方法可能在一定程度上会影响水电系统的运行效益，所以考虑风、光电源短期波动和长期消纳需求，梯级水电站需要满足多时间尺度、多维主体效益等综合目标，水电站群长期运行方式或调度规则尤为重要。

5.1.3 两种调度运行模式分析

以上两种模式都是水风光多能互补调度的有益探索。依托电网的互补模式能够充分发挥多能源互补的时空互济效益，同时满足大电网安全稳定运行的需求，是目前水风光互补系统主要采用的调度模式，例如我国西北电网的"水新联动"调度模式，利用黄河上游梯级电站的灵活调节能力，借助西北大电网平台，通过大范围的省间互济来平抑整个西北电网新能源波动，水电和新能源日发电量反向变化，以"以时间换空间"的方式，实现新能源高效利用。

采用水风光打捆互补模式能够对随机新能源进行就地补偿，降低新能源出力随机波动对电网的影响，同时提高送出通道的利用率，适用于梯级水电与新能源汇集到同一电网接入点，并通过同一通道送出，甚至进行跨区远距离送电的情况。水风光打捆互补模式在技术和管理层面还存在一系列挑战，需要进一步研究和实践，主要包括以下内容。

（1）电源互补与电网支撑的协同

大型水电站在电力系统中承担调频、调峰和事故备用等重要作用。水风光打捆互补模式下，水电机组运行方式必然随着新能源发电量的大小而变化，对系统的电压、惯量和频率等支撑存在不确定性，尤其是近区存在直流送出通道时，水风光联合发电系统中水电开机、检修方式等与直流系统的稳定水平存在较强耦合。因此，水风光打捆互补调度中需要充分考虑电网安全稳定运行需求，优化水风光打捆控制模式，挖掘水风光调节能力，协同电源内互补和电源打捆送出对电网的支撑能力。

（2）考虑梯级运行约束的水光互补策略优化

梯级水电运行方式和发电曲线制定时，除了考虑电网运行需求，还需要综合水资源调度利用。梯级水电中的龙头水库往往是防汛、防凌的前哨，一年四季运行受多种综合用水约束。因此在水光互补打捆调度中，需要充分考虑度汛、防凌以及水库安全运行，优化水光互补运行策略。

（3）水风光多能互补交易结算和补偿机制

水风光多能互补运行中水电跟随风光运行，促进了风电光伏消纳，同时也可能导致水电出力离开最优效率区间、频繁调整导致水能损失等，进而造成效益损失。另外，水电、风电、光伏目前的上网电价不同，制定合理的能量和辅助服务电价机制，以激励风光消纳，是未来水风光打捆互补模式需要解决的重要问题。尤其是电力市场环境下，如何构建水风光参与电力市场的交易模型和相关机制，也是水风光打捆互补模式未来发展面临的问题。

上述技术和管理挑战是保障水风光多能互补基地高效运行，以及水风光多能互补模式高效开展需解决的问题，近年来相关高校和科研院所对此进行了有益的探索，取得了一定的理论研究成果，还需要不断实践提升。

5.2 依托电网互补调度运行

以黄河上游梯级水电所在的西北电网实际运行情况为例，对不同时间尺度下依托电网互补调度运行模式进行分析。

西北电网由陕西、甘肃、青海、宁夏、新疆五省（区）电网组成，供电范围占我国陆地面积的近1/3，形成了世界上面积最大的750千伏同步电网，单一断面输送功率超过千万千瓦，电网结构呈"长链式""哑铃型"特点，东西电网之间形成1700千米"日字型"通道，形成3大直流群、5大负荷中心、8大新能源基地。建成外送直流11条，直流外送容量7071万千瓦。目前，电网最大负荷超过12000万千瓦，清洁能源装机占比达到55%，电网总体呈现清洁能源高占比和大送端的特点。

西北电网主要调峰电源为水电和火电，具有良好调节能力的水电站主要集中于黄河上游，黄河上游梯级水电站群总装机容量1600万千瓦。其中，6座百万千瓦级以上的水电站（龙羊峡、拉西瓦、李家峡、公伯峡、积石峡和刘家峡）总装机容量1125万千瓦。龙羊峡、拉西瓦、李家峡、公伯峡和积石峡分布于青海省，刘家峡位于甘肃省。黄河梯级是国内综合运用要求最高的梯级水电站。水电除担任电网的调峰、调频任务外，还要保证下游供水、灌溉、防汛和防凌等综合利用需求。由于综合应用任务比较重，长期以来，黄河上中游水库调度实行"以水定电"模式，作为咽喉的刘家峡水库由于下游综合利用约束基本无太大调整空间，水电对风光的互补作用主要依托作为龙头的龙羊峡带动龙羊峡、刘家峡区间梯级电站灵活调整来实现。

5.2.1 长周期互补运行

从长周期来看，西北地区的水、风、光资源的稳定性相差较大，对于风电和光伏来说，其年际间风速、辐照度等资源变化基本在10%以内，而黄河来水的年际间变化率则超过了60%，如图5.1所示。长周期的水风光多能互补运行本质上是通过大电网来平抑水、风、光年际间的波动，同时统筹好电网运行、水量调

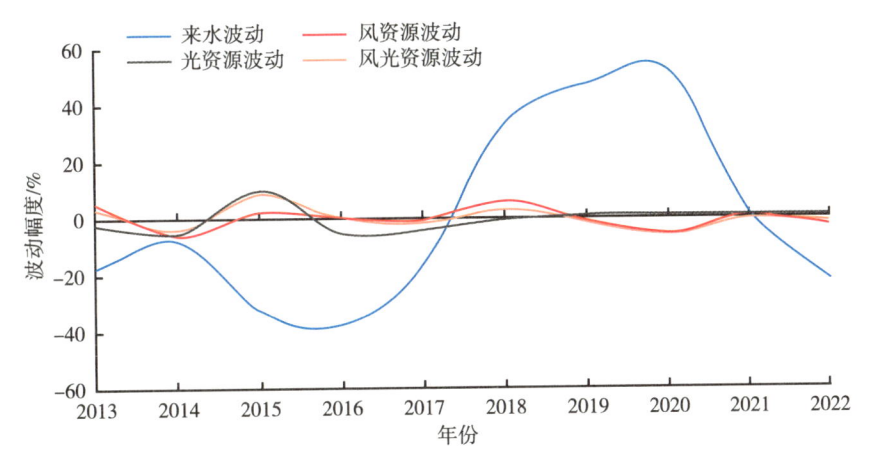

图5.1 水风光资源年际间波动幅度

度、新能源消纳等安全边界的问题。

西北电网在对多年间气候及洋流的变化规律进行分析研判的基础上，结合来水预测、新能源资源、机组投产、负荷及外送增长情况，建立长周期平衡及消纳模型，开展长周期互补运行，如图 5.2 所示。

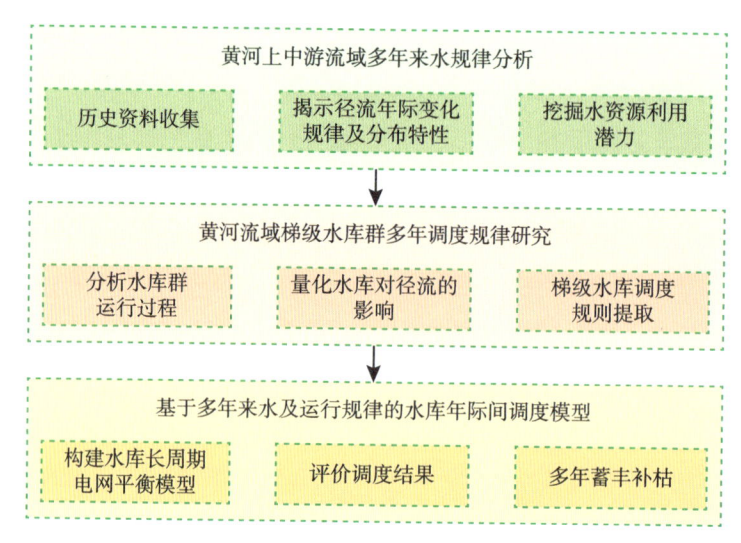

图 5.2 应对多年来水的调度模型示意图

5.2.2 中短期互补运行

中短期互补主要指季、月、旬时间尺度下的调节。西北电网风电年内的发电量主要集中在春季，通常 3 月、4 月、5 月为高峰月，冬季为低谷，风电理论小时数月际分布如图 5.3 所示。光伏季节性差异较大，一般情况下春夏两季光伏发电量较大，秋冬季发电量相近且较低，光伏理论小时数月际分布如图 5.4 所示。

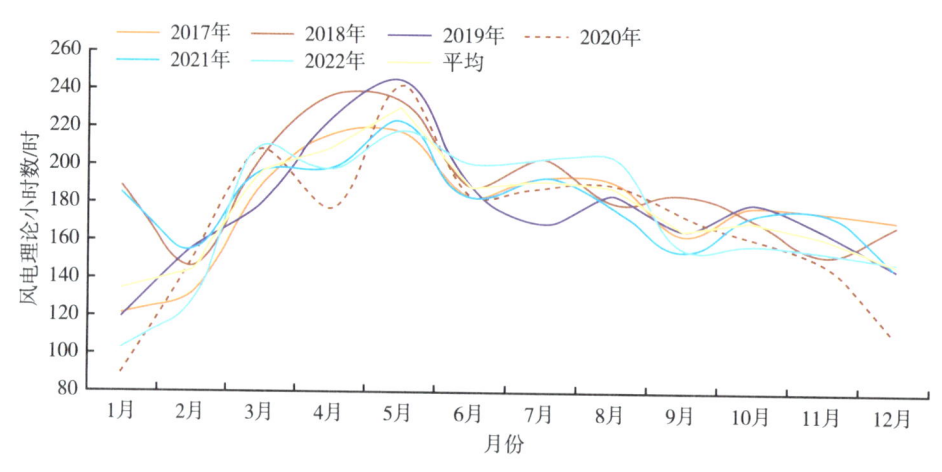

图 5.3 风电资源月际分布

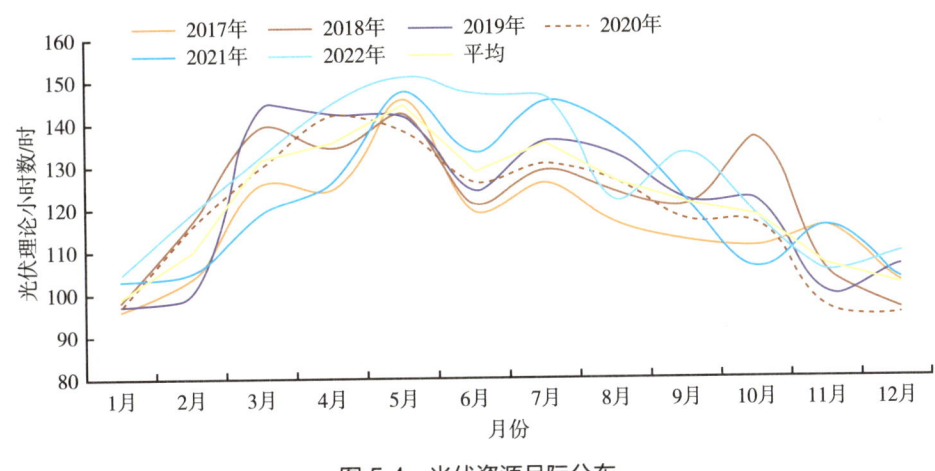

图 5.4 光伏资源月际分布

根据西北地区降雨及产流特点，黄河梯级水电在不同季节的来水差异较大，如图 5.5 所示。汛期（通常为 6～10 月）来水多，出力较大；枯水期、防凌期来水少，出力较小。因此，在中短期时间尺度上水电可以蓄丰补枯，优化分配可用水量，发挥水风光补充效益。

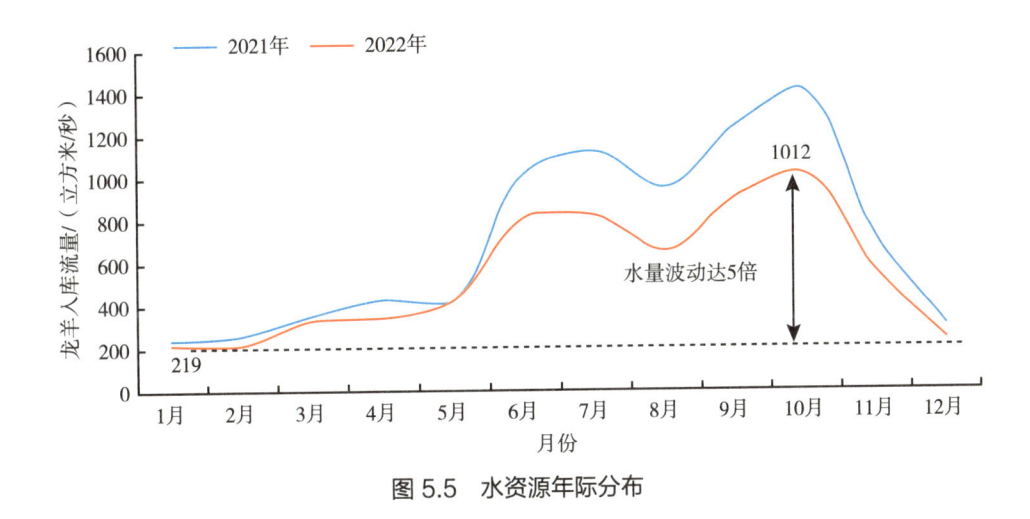

图 5.5 水资源年际分布

中短期互补调度策略根据水电站不同时期做相应调整。在汛期，通过新能源预测，指导水电提前预留调节库容，当调节库容有富余时，可调节其水位与风光进行互补。在非汛期，根据风、光出力特点调整水电调度策略，起到"虚拟储能"的作用，当风光发电量较大时，水电放缓水库消落的速度，甚至进行蓄水；当风光发电量较小时，水电加快水库消落的速度，短期调度模型如图 5.6 所示。需要注意的是，在满足新能源消纳需求的同时，还需注意防洪、灌溉、供水、生态等水电站综合利用任务对水电站发电尤其是调峰能力的影响。

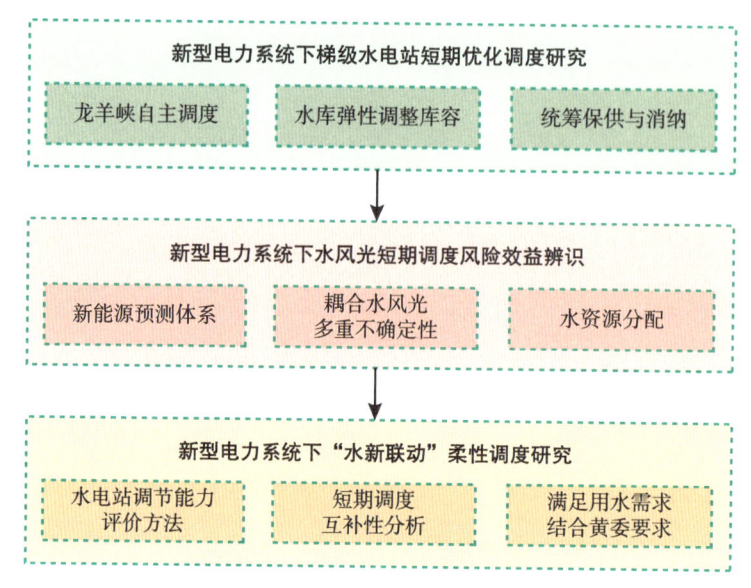

图 5.6　水电短期调度模型示意图

5.2.3　实时互补运行

实时运行中，西北电网的新能源出力曲线，受光照因素影响，呈反调峰特性，大出力过程主要集中于每日 6～18 点，对于晚高峰电能平衡的支撑作用有限。在日前阶段可以基于风电、光伏、来水的短期预测，建立梯级水电优化调整策略，结合梯级水库水位状态、电网备用需求、调峰及顶峰需求，开展优化调度。基于新能源午间大、两头小的特点，提前预控水位；中午前，提前将水位拉低，中午新能源大发期间，水电机组停机或维持低出力运行配合电网调峰，水位逐步上涨，不越上限；晚峰前，水位已达到高位，晚高峰水电机组顶峰运行，水位逐步下降，不越下限，以满足电网安全、优质和经济的供电要求。实时运行中，风电、光伏实际出力可能偏离日前预测出力，或是出力出现大幅波动，可利用水电机组启停灵活、响应速度快的特点（从停机到满载只需 2～2.5 分钟），发挥多能互补效益，平抑电网波动。

5.3　水风光打捆互补调度运行

5.3.1　水风光打捆互补运行

水风光打捆互补运行除追求本地清洁能源消纳、运行经济效益目标外，还需兼顾系统安全运行、梯级电站水位控制等需求。水风光多能互补优化结果应代入全网优化校核模型中进行校核，若不满足全网控制需求，则应进行优化调整。水风光多能互补与全网优化校核模型均采用"长期－短期－实时"多尺度优化模型，流程如图 5.7 所示。其中，水风光多能互补系统长期优化调度模型以整个调度周期内互补系统的发电效益最优为目标函数，制定水电站水位控制计划并为短期调度提供日水位边界；短期优化调度模型以长期优化调度模型提供的日水位决策为控制边界，优化梯级水电站运行方式，制定互补系统日前发电计划；实时模拟调度模型用水电补偿风光预测出力误差，实时调整风光水出力过程，以满足互补系统日前发电计划。在初步编制水风光多能互补发电与水位控制计划后，需将决策结果代入全网优化校核模型，判断其是否满足全网控制需求并进行优化调整。在长期优化调度层面，全网优化校核模型根据水风光多能互补系统发电量计划、系统负荷电量需求预测、来水预测、新能源发电量预测等边界条件，优化调度周期内各发电主体发电量与梯级水电站水位控制计划，并判断水风光系统水位控制计划是否满足系统需求；在短期优化调度层面，全网优化校核模型根据水风光系统时序发电计划、电力负荷时序需求与新能源出力预测结果、短期来水预测等边界条件，优化各发电主体时序发电控制计划（包含调峰、爬坡、备用需求等），并判断水风光系统时序发电计划是否满足控制需求；在实时调度层面，全网优化校核模型根据实时新能源发电、负荷波动与电源电网故障等引起的调节需求，优化调用各发电主体调节能力平抑系统波动，水风光互补系统应提供调节能力边界，全网优化调度校核模型可根据系统安全运行需求调用水风光多能互补系统调节能

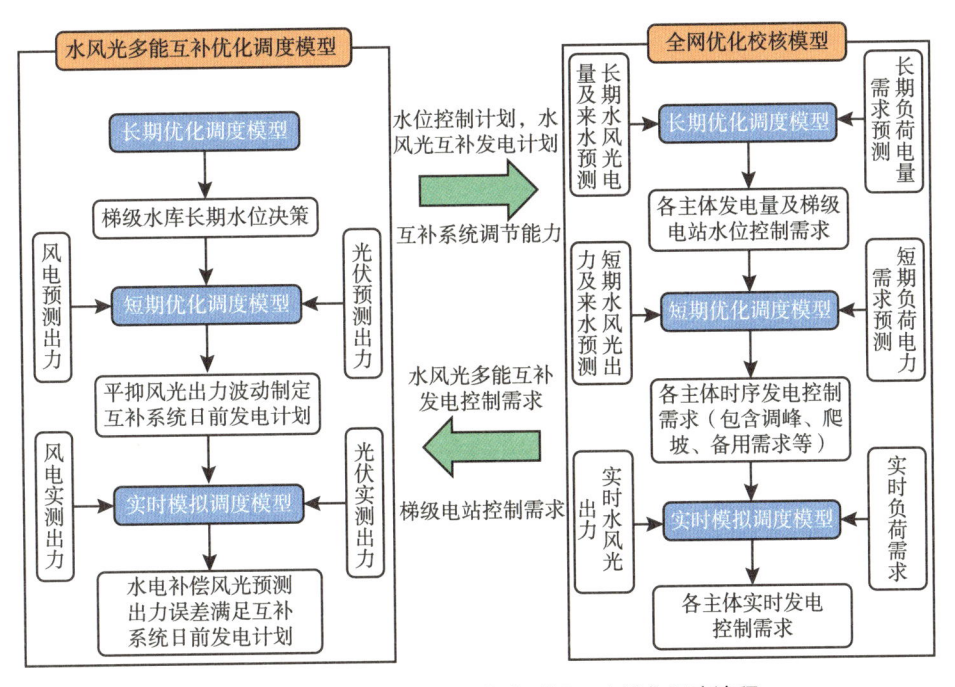

图 5.7 水风光多能互补系统多时间尺度优化调度流程

力。在"长期－短期－实时"任一尺度下，若水风光多能互补系统调度结果不满足全网控制需求，则需以全网校核模型优化后的发电与水位控制需求为边界进行二次优化调整。

5.3.2 风光储互补运行

以青海省海西州格尔木地区的风光热储多能互补工程为例，介绍风光储运行的情况。

格尔木风光热储多能互补系统总装机容量70万千瓦，包含20万千瓦光伏、40万千瓦风电、5万千瓦光热及5万千瓦储能。储能部分采用5万千瓦/10万千瓦·时磷酸铁锂电池，光热部分为5万千瓦，储热12小时。

光热、储能电站与新能源联合调节，通过多能互补、集成优化、智能调度，使多种能源深度融合，有效改善风电和光伏不稳定、不可调的缺陷，解决用电高峰期和低谷期电力输出的不平衡问题，提高电能稳定性，提升电网对新能源的接纳能力。该风光储互补系统投运前后，系统中分时段弃电变化情况如图5.8所示。

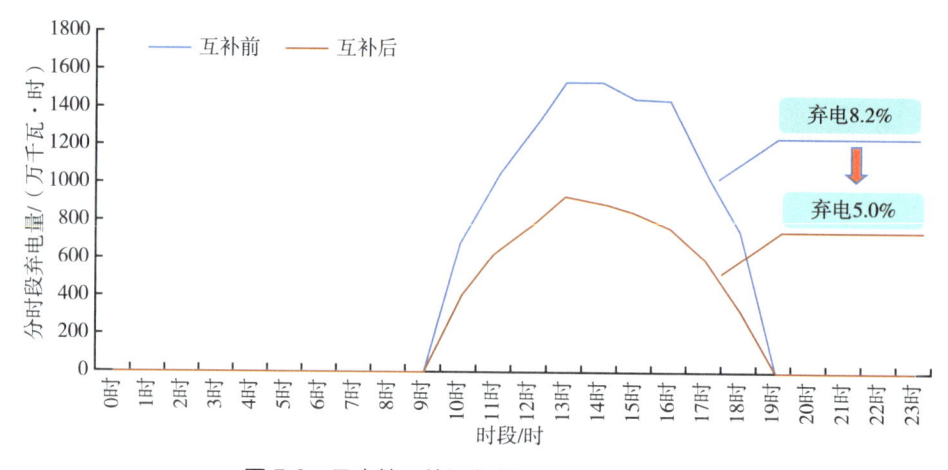

图5.8 风光储互补运行前、后弃电变化情况

5.4 调度关键技术

5.4.1 水风光预测技术

水、风、光资源的时空分布不均匀性及其预测出力的不确定性对多能互补运行方式产生重要影响。

5.4.1.1 水电径流预测

（1）物理模型方法

水文预报物理模型是根据水动力的连续方程和动量方程等求解流域水流在时间和空间上的变化规律，是对实际流域水循环过程的一种理想化的数学表达。这类模型不需要大量的水文和气象数据对模型进行训练，但需要对描述流域物理特征的大量参数进行率定，典型的代表模型有 SHE 模型、SWAT 模型等。流域水文预报概念模型则是利用一些简单的物理概念和经验公式，如汇流单位线、下渗曲线、蒸发公式等，基于概率论和数理统计理论，从大量历史水文资料中寻找径流自身的历史演变规律或径流和其他预报因子之间的统计规律，以此进行预报。

雨水降落地表，经过截留、下渗、填洼、蒸散发等过程后形成地面径流、壤中径流、地下径流，不同成分径流在经过坡面汇流、河网汇流后汇集至流域出口断面后正式形成径流，见图 5.9。从降水到流域出口断面，在连续时间内水与气象、下垫面中各种条件相互作用，在每一个发展阶段内形态发生改变，并且不同阶段特性差异明显。

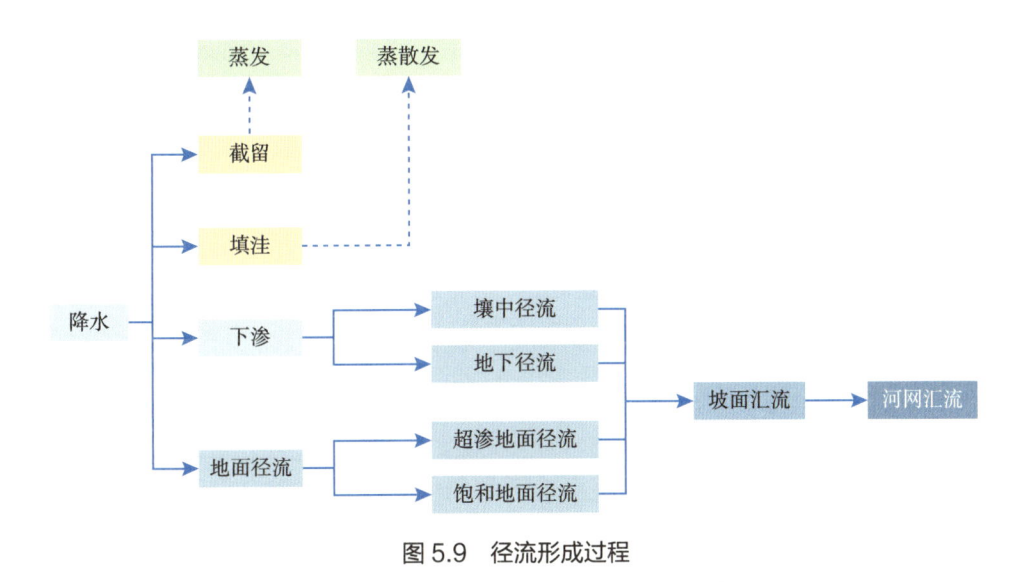

图 5.9 径流形成过程

（2）统计方法

基于数理统计的径流预报模型由于方法相对简单、实施方便得到了广泛应用。例如，时间序列法、多元回归法、逐步回归法、差分整合移动平均自回归模型（ARIMA）等，使得线性时间序列分析有了重大发展。以 ARIMA 为例，首先统计并检验径流数据形成时间序列，时间序列的预处理包括两个方面的检验，平稳性检验和白噪声检验，一般通过时序图和相关图来检验时间序列的平稳性，对于非平稳时间序列中若存在增长或下降趋势，则需要进行差分处理然后进行平稳性检验直至平稳为止；其次，从已知的模型中选择一个与给出的时间序列过程相吻合的模型，进一步对模型进行定阶；再次，采用参数估计对模型的参数进行估计，通常有相关矩估计法、最小二乘估计以及极大似然估计等；最后，验证模型的拟合效果直至符合预测精度。

上述两类模型都可以进一步考虑水循环过程中的物理机制，同时对于流域的数据质量具有较高要求，而水文预报数理模型，又可以是基于数据驱动的水文时间序列预报模型，不需要解析流域水循环过程中的物理机制，只需从数据层面深入挖掘历史径流、降雨等水文变量的相关性。这类模型将流域水循环过程作为一个"黑箱"模型，只需刻画模型的输入输出变量之间的函数映射关系，而不需要对其背后的物理意义和因果关系进行深层次地分析，具有建模简单、易于计算等优点，同时对于数据匮乏地区的径流预报具有明显的优势。随着人工智能技术的发展，机器学习、人工神经网络、小波分析、支持向量机以及集成学习等智能方法引入水文建模的研究，进行不同时间尺度的径流预报。

无论是物理概念模型还是机器学习模型，都需要利用历史数据预测未来，因此充分考虑变化环境扰动下径流的驱动要素作为预测因子，是径流适应性预测的必要手段。机器学习的优势可以帮助建立响应变化环境扰动的径流预测模型，同时基于机器学习对径流形成的过程和机理进行迁移学习，辅以高效合理的径流预测模型应用机制，能够降低机器学习劣势的影响。因此，将机器学习技术与物理模型结合，是未来径流预测研究值得探索的方向。可以在充分研究各个模型适用性的基础上，对各种方法进行不同的耦合，充分发挥各自的优势，同时需要注意分析各自方法本身缺陷对最终结果的影响，通过多种方法对比和综合分析提高中长期预报结果的准确性。

5.4.1.2 风功率预测

目前，已有研究中已经针对不同地形的风电场提出了很多风速及风功率预测方法，总体分类方法如图 5.10 所示。

按照预测物理量的不同，风电功率预测可以分为风电功率预测和风速预测。风电功率预测直接以风功率作为预测变量。风速预测则以风速作为预测变量，然后结合风电机组的风速—功率特性曲线间接获得机组或整场的发电功率。

按照预测时间来看，风电功率预测可以分为超短期预测、短期预测、中期预测、长期预测。不同的时间尺度，用途不同，所用的方法也不同。超短期预测通常用于电网实时调度、风电场的控制、电能质量评估、机械部件设计等。短期预测不仅可以提供优化常规机组的必要信息给调度部门，使该部门能够根据风电场

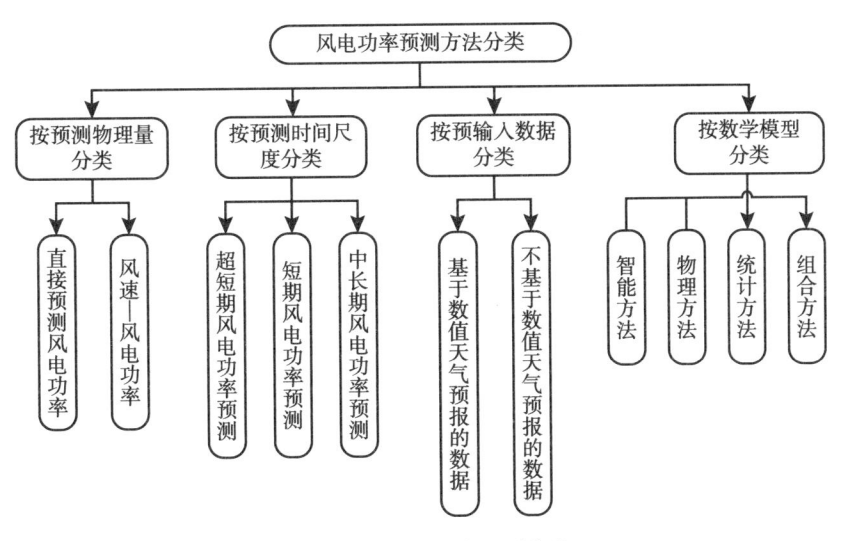

图 5.10 风电功率预测分类

出力曲线安排备用机组,而且为制定电网日发电计划提供了科学依据。中长期预测可用于安排风电场的运行与维护,预测准确性目前还有待提升。

按照输入数据是否采用数值天气预报,风电功率预测可以分为基于数值天气预报(Numerical Weather Prediction,NWP)和不基于数值天气预报的风电功率预测。采用数值气象预报的功率预测方法,由气象部门提供精度大约在数十平方千米的数值气象预报,不能直接进行风电机组功率预测。

从预测所用的数学模型角度来看,风电功率预测方法主要可分为4类,分别为物理方法、统计方法、智能方法以及组合方法。

(1)物理方法

物理方法主要是以地形特征和气象因素为输入变量进行预测。通过选择相关性高的参数作为输入变量,可以一定程度地精简模型。物理方法能够实现模型与风电场同步投运的要求,建模不需要风电场的历史数据,新建风电场可利用该方法实现功率预测,但物理方法需要准确的物理模型详细参数,而且计算成本要求高。

(2)统计方法

统计方法是指采用一定的数学统计方法建立一种映射关系,该映射关系的对象为历史数据与待预测物理量,进而预测风速或者风电功率。统计模型主要是基于已有的统计方程式,用历史风速或风功率序列来建立预测模型,最常见的即时间序列法,如自回归滑动平均(Auto-Regressive Moving Average,ARMA)模型、差分自回归滑动平均(Auto-Regressive Integrated Moving Average,ARIMA)模型、卡尔曼滤波（Kalman Filter，KF）法、模糊逻辑等。统计方法预测模型具有预测准确度高、建模过程相对简单、模型计算速度快等优点，但是统计方法建模至少需要半年的风功率历史数据。

（3）智能方法

随着人工智能理论及技术的发展与逐渐成熟化，很多研究将一些机器学习方法应用于风电场功率预测。这些方法具有处理强非线性、高维度、超多参数等特点，与风电场流场的高度复杂性、多机组以及多因素影响等相呼应。比如应用较为广泛的神经网络、支持向量机、强化学习等。

（4）组合方法

单一物理模型或统计模型的预测精度往往难以满足电网调度及风电场控制的要求，因此很多研究者提出了组合方法，以期提高风速及功率预测精度。组合预测方法结合了各单一模型的优势及各类优化算法，采用加权组合、参数优化、数据预处理、误差修正等方法，使得预测精度有所提高。

实际上，风电功率预测方法分类很多，从不同研究目的、研究方法以及研究手段，甚至不同学科角度等都会有不同的分类方法，而且每种方法都有自己的优势与不足。鉴于此，实际风电功率预测中，往往会采用多种预测技术的相互辅助，从而更好地解决工程中所面临的多种复杂场景。这也是目前国内一些风电功率预测系统的主要开发思路。

5.4.1.3 光伏功率预测

光伏功率预测技术中，时间尺度的分类、预测方法的应用和风电功率预测技术基本相同。

近年来，光伏功率预测技术也逐步引进了卫星天空云图、天空成像仪拍摄的天空图像等图片数据。云图数据范围大，但颗粒度偏粗，适用于较大时空尺度的功率预测，例如短期县域分布式光伏功率预测等；天空图像数据只针对电站上空的天空，图片数据范围小，可描述小时尺度内云的移动，对超短期预测尤为适用。对于大面积的光伏电站或县域分布式光伏等，也可增加天空成像仪数量，组成天空成像阵列，全面描述电站上空云动情况，从而获得精确的光伏预测功率。

5.4.2 优化调度建模

5.4.2.1 风光发电不确定性模型

水风光互补调度需要在水电调度基础上进一步考虑不可控风、光发电，模型输入由不确定性径流扩展为不确定性径流、风能以及太阳能，实质是多重不确定性条件下的随机问题，如何建立适合的随机调度模型，如何构建高效的求解算法是研究的重点与难点。许多研究采用场景模拟描述风光发电的出力情景，以风、光长系列实际运行数据为基础，采用连续概率分布离散化、自回归滑动平均模型等场景生成方法，从年内、月内、日内多时间尺度确定风光发电量的代表性场景，并作为多能互补系统中水电站水库群调度的边界条件，采用确定性或者随机技术重构电站调度运行规则。也有部分研究对新能源的出力进行预测并分析预测误差，将预测出力及波动区间作为系统输入，形成水、风、光多重不确定性的描述方法。

风电、光伏出力的随机性之间具有相关性，可以借助科普拉（Copula）相关性分析理论等方法分析多元随机变量的联合概率分布，将联合概率分布函数在各维度按其边缘分布函数进行非线性变换后的函数，可以用来描述变量间的相依性结构，变量间的联合概率分布被简单地表示为通过科普拉（Copula）函数将各边缘分布函数连接的形式，许多无法解析表示的联合概率分布，通过科普拉函数得以表示或近似，为研究非独立的随机变量相依性提供了极大的便利。后续，基于蒙特卡洛抽样的方式，可以实现风光出力序列生成。

5.4.2.2 风光集群调度模型

风光电站的可调度性较低，地理位置分散，气候和地域等自然特性的时空差异较大，使得各电站的入网节点、发电特性存在很大不同，面临"点多难控"局面，以单个电站作为控制点，进行直接的调度指令交互，难以准确掌控其发电规律，给电网发电计划编制和调度运行带来很大不确定性。风光电站集群调度可以将多个风电站、光伏电站进行汇聚整合，利用空间平滑特性、时间互补规律等提高汇聚电站群的可调度水平，并以风光电站集群为对象实现与水电系统的互补协调。

集群数量及其包含的电站划分方式与实际工程特点如电源构成、装机规模、发电特性等密切相关，划分原则是集群内部节点之间联系紧密、集群间联系疏松。划分指标通常依据电气距离展开，描述节点间的耦合程度，关注集群的耦合性以及集群内部电源的利用情况。此外，在考虑到电能质量的同时，经济性相关指标如间歇性能源的调节成本以及弃风、弃光成本也是不可忽略的重要因素。

5.4.3 优化调度求解

水风光联合优化调度本质是一个多目标、多约束、多时间尺度的非线性规划问题。为提高风电、光伏参与市场的竞争力，促进电力系统低碳化运行，发电企业电能成本核算体系中不仅考虑经济因素，也开始将环境效益考虑在内，建立包括碳源排放、碳排放权分配、碳交易成本三部分的碳交易模型，综合考虑短期时间尺度内日前能量市场、辅助服务市场、实时有功功率平衡市场、碳交易市场，以及弃风、切负荷的风险因素，旨在提高清洁能源参与市场的竞争力，降低系统运行时的碳排放量。

约束条件涵盖梯级水电上下游水力联系、汛限水位约束、弃电率约束、机组检修安排、防洪等综合利用要求、市场以及负荷需求等诸多因素。此外，复杂的投资主体、管理模式、应用场景使得优化调度的非线性、强耦合、不确定特征更加凸显，问题复杂程度呈指数级增长。

从时间尺度分，水风光多能互补调度可分为中长期、短期和实时调度。

1）中长期调度侧重资源互补，研究周期可以是多年、年等。水电站的调度任务主要是从发电效益最大化角度安排水电站的年度运行计划，减少风电、光伏弃电，提高风电、光伏消纳等实际需求。重点关注水库群的关键水位控制规则，聚焦水风光互补条件下汛前、汛末、年末等主要时间节点的水位控制。

2）短期调度侧重水电出力与风光的出力互补，主要任务是编制发电计划，将长期调度分配给本时段（周、日）的输入能在更短的时段（日、小时和15分钟）间按照调峰效益最大化和出力波动最小化等目标进行合理分配，保障电力系统的安全稳定运行。

3）实时调度指在给定负荷曲线的前提下，调整水电站各机组的启停状态和出力情况，平抑风、光出力的频繁波动，同时保障水电站经济上达到最优，以满足电网安全、优质和经济的供电要求。

事实上，对于水风光多能互补系统而言，梯级电站之间的水力联系使得中长期－短期－实时存在多尺度耦合与影响。在实际调度中，通常采用"长－短－实时"嵌套调度模式。根据调度规则制定中长期调度方案（决策），将其作为短期调度的边界条件，即短期调度根据中长期计划制定的水位或者电量作为模型的输入条件。在短期调度中，结合更新的预报信息，进一步制定预见期内的更精准的发电计划。在实时调度中，基于超短期预测和风光实际出力数据，调整水电出力，补偿风光超短期出力波动，跟踪发电计划。

水风光联合调度需要具有快速的计算能力以及良好的算法适应性。目前，根据求解方式的不同，水风光调度求解方法可分为包括线性规划和非线性规划在内的传统优化调度方法，分解算法包括遗传算法和粒子群等算法在内的启发式智能优化调度方法。部分方法的优缺点对比如表5.1所示。

表 5.1 水风光互补调度部分算法对比

方法分类	方法名称	优点	缺点
传统算法	线性规划	线性算法计算简单，操作简便，运用灵活，适用于单目标线性问题的求解	对于非线性问题，会使得求解结果误差较大
	非线性规划	水电群目标函数和约束条件中存在明显的非线性问题，非线性规划方法能够较好地处理这些问题	计算时占用内存大，耗时长
	混合整数规划	在水电站群优化调度中，存在离散变量问题，如机组开停机状态和机组运行持续时间等，因此，混合整数规划比较符合实际优化调度问题	针对大规模复杂问题，容易出现求解困难和耗时较长
	动态规划算法	解决维数较多的复杂性问题	维数过多，在降维的过程中，会将问题分解为过多的维数，反而不利于问题的收敛
分解算法	大系统协调分解算法	通过多时间尺度分解与协调，提升求解效率	需要对多时间尺度的调度边界进行合理处理，形成跨时间尺度上的连续性与统一性
智能算法	遗传算法	对全局的搜索较为全面，解决维数过多的问题，并且可以运用目标函数以及约束条件直接寻优	寻优速度会降低，寻优精度也会相应地降低
	人工神经网络	完成计算机网络的构成，可以在短时间内得到满足约束调节的最优解	存在局限性，仅适用于特定的问题，不具有普适性
	蚁群算法	具有较强的适应性	需要较长的时间去运行，并且缺乏初始信息素
	粒子群算法	方法操作简单，得到的解相对准确，适合对水风光多能互补调度模型的求解	可能会得到局部最优解

此外，系统规模不断扩大，调度模型求解的计算量也急剧增大，可以采用并行计算的方法提高计算效率。并行计算是指利用技术手段将计算任务分成多个独立的相同子任务，并分配到多个独立的计算资源中同时进行计算，是缩短计算耗时、提高求解效率的有效手段，对大规模复杂任务计算有非常重要的现实意义。

5.5 调度运行实践

以黄河上游梯级水电所在的西北电网为例，近年来，西北电网新能源发展迅猛，装机占比持续提升，特高压直流不断建成，西北已成为水、火、风、光多类型电源的坚强送端电网。西北地区新能源资源富集，煤炭储量丰富，且具有丰富的水电资源，黄河上中游已建成千万千瓦规模的梯级水电。截至 2022 年年底，西北电网总装机达 3.51 亿千瓦，其中火电装机 1.56 亿千瓦，约占全网各类电源总装机的 44.6%，水电装机 0.353 亿千瓦，占比为 10.06%，新能源装机 1.59 亿千瓦，占比为 45.19%（详见表 5.2）。风电和光伏装机均超过水电，新能源装机超过火电，成为第一大装机电源。电源分布不均，新能源主要分布在新疆、甘肃和青海，火电主要分布在新疆、陕西，水电主要分布青海和甘肃的黄河上游。2022 年，西北新能源发电功率最大日峰谷差超过 5300 万千瓦，新能源相邻日发电量最大波动超过 5 亿千瓦·时，给电网运行带来很大挑战。

表 5.2　截至 2022 年年底各电源装机及比例

火电		水电		风电		光伏		其他		总装机/亿千瓦
装机/亿千瓦	比例/%	装机/亿千瓦	比例/%	装机/亿千瓦	比例/%	装机/亿千瓦	比例/%	装机/亿千瓦	比例/%	
1.56	44.6	0.353	10.06	0.831	23.69	0.754	21.5	0.062	0.17	3.52

西北电网主要调峰电源为水电和火电，具有良好调节能力的水电站主要集中于黄河上游，其中龙羊峡、刘家峡两座调节能力较强的水库，对开展水风光多能互补调度提供了重要的支撑。

龙羊峡是黄河流域唯一一座多年调节水库，可调节库容 200 亿立方米，刘家峡为流域内的主要年调节水库，可调节库容 21 亿立方米，二者约占黄河流域总可调节库容的 70%。通过龙羊峡和刘家峡两库联合调度，可实现年际间蓄丰补枯及水资源跨周期优化调配。龙羊峡和刘家峡区间的梯级水库包含约 3 亿立方米的动态可调节库容，通过在新能源大时区间各库蓄水少发，在新能源小时区间各库放水多发，可进一步发挥黄河梯级水库"超级充电宝"作用，实现短期及实时调度层面的"水新互动"。

5.5.1　长周期互补运行方面

长周期来看，西北电网结合来水预测、新能源资源、机组投产、负荷及外送增长情况，建立了长周期电网平衡模型，确定长周期互补运行方案。

1）西北电网基于年际间气象变化规律及流域降水、产流预测，结合长周期电网平衡预判，采取"丰年送、枯年购"策略，平抑了多年来龙头水库上游来水近 50% 的水量波动，如图 5.11 所示。如枯年（2014 年）购电 140 亿千瓦·时，相当于蓄水 78 亿立方米；丰年（2020 年）送出黄河上游水电 177 亿千瓦·时，相当于减少弃水 98 亿立方米，互补后达到用电能调节来水丰枯的效果。

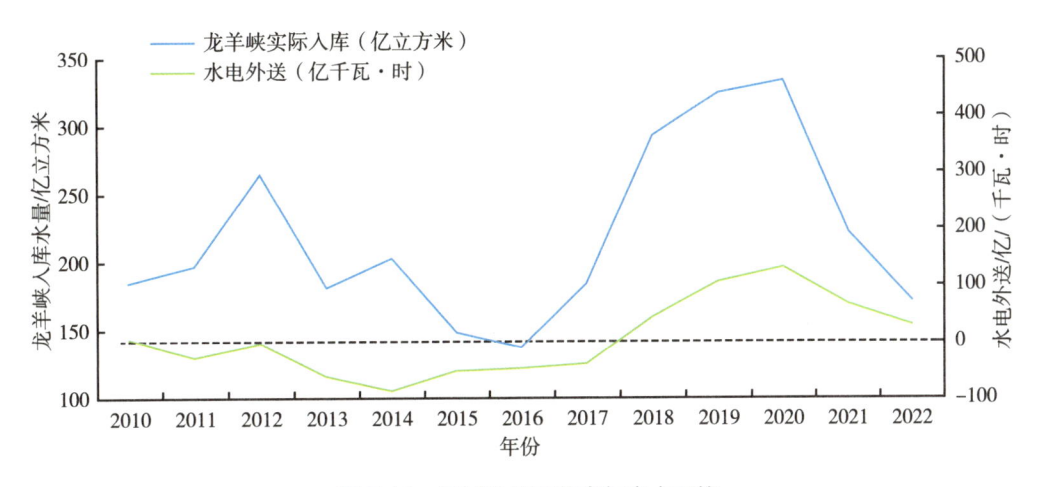

图 5.11　通过电能调节多年来水不均

2）科学论证龙羊峡水库状态及下游行洪能力，2020—2021年完成龙羊峡汛限水位由 2588 米提升至 2594 米，成功应对黄河连续多年来水特丰现象，发挥大库调节优势，确保防汛安全。

3）蓄丰补枯，2020—2021 年汛末科学拦蓄，实现龙羊峡水库自 1986 年下闸蓄水以来首次"蓄满"，为后期运行"备足粮草"；2022 年，面对全国来水偏枯、电能供应紧张局面，积极加大下泄支援电力保供，度夏关键时期每日增发水电 6300 万千瓦·时，大幅缓解供电紧张局面，有力支援跨区外送。

4）发挥大水库逆周期调节作用，2002 年、2016 年等黄河来水特枯年份，稳下泄、保供水，大幅提高黄河下游地区用水保证度，确保黄河连续 20 多年不断流。

5.5.2　中短期互补运行方面

西北电网的中短期互补调度主要结合黄河流域的水量调度特点及不同时期的电网运行需求开展。冬季防凌是黄河流域独有的特点，冬季也是电网保供的关键期，冬季下泄流量减小与电能需求增加存在矛盾；农业"春灌、秋浇"特点，对黄河水量调度提出新的需求；西北电网通过建立龙（羊峡）刘（家峡）联合优化调度方法，成功应用于实践，实现多方统筹，主要实践成果如下。

1）与农业生产的统筹：每年初春、夏末，通过防凌期蓄水、汛末拦蓄等方式，将刘家峡水位蓄至高位，确保春灌、秋浇用水安全；春灌、秋浇末期，刘家峡水位降至低位，与防凌、防汛库容预留需求精准匹配。

2）与电网平衡的统筹：入冬前，通过将下游刘家峡水库提前"放空"，使上游龙羊峡水库具有更多的泄流空间，在龙羊峡、刘家峡区间 13 个梯级水库的"放大"作用下，可实现水电冬季保供能力的最大化释放。

3）2018 年以来，不断挖掘刘家峡防凌库容，拓展冬季水电发电空间；2022年，进一步拓展李家峡水库防凌库容，实现冬季水电增发 40 亿千瓦·时；基于电网月、季间电力电量平衡需求，建立资源优化调配模型，实施水资源"春秋蓄、冬夏用"，实现流量与负荷联动。

4）打造黄河梯级水电"绿色充电宝"，刘家峡执行黄委调令，龙羊峡根据新能源及电网用电负荷大小灵活调节（见图 5.12）。当新能源大发时，龙羊峡出库低于计划运行，相当于充能，多消纳新能源；反之，高于计划运行，相当于放能，提供负荷用电量支撑；通过充放结合，确保一定时间段内关键水库水位与目标的偏差变化"动态向零"，实现水库安全运行、新能源充分消纳，电网供电可靠等综合目标。

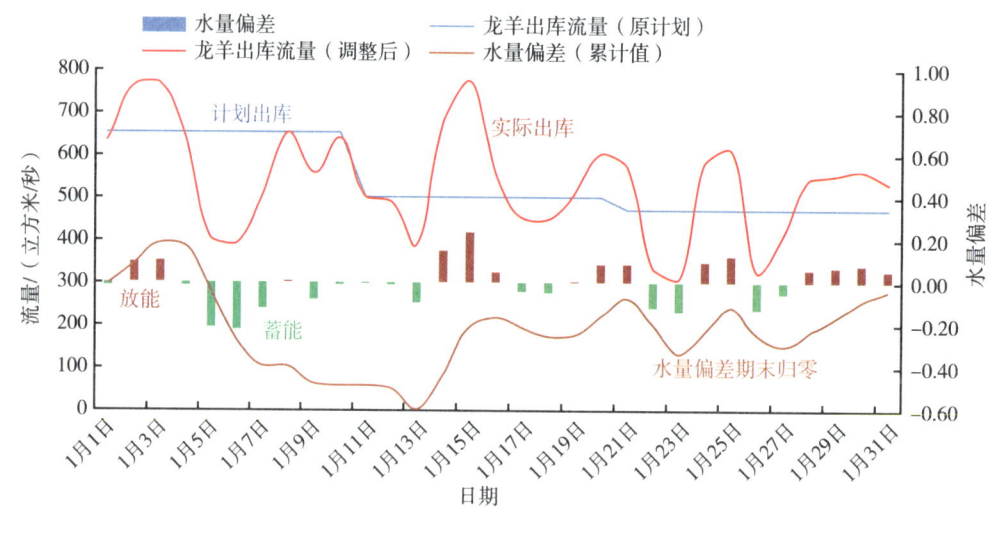

图 5.12 梯级水电灵活调节过程

5.5.3 实时互补运行方面

西北电网通过建立完备的新能源预测体系，为水资源在日间、日内的优化分配提供精准数据支撑；建立了综合考虑龙羊峡自主调度及区间水库弹性调整库容的调度模型，实现保供与保消纳兼顾；基于"鸭子曲线"建立水位优化调整模型，确保电网安全的同时大幅降低水耗。

开展的实时互补调度主要包括：基于电网运行的"鸭子曲线"，提前预控水位；中午前，提前将水位拉低，中午新能源大发期间，水电机组维持低出力运行配合电网调峰，水位逐步上涨，不越上限；"晚峰"前，水位已达到高位，晚高峰水电机组顶峰运行，水位逐步下降，不越下限（见图 5.13）。

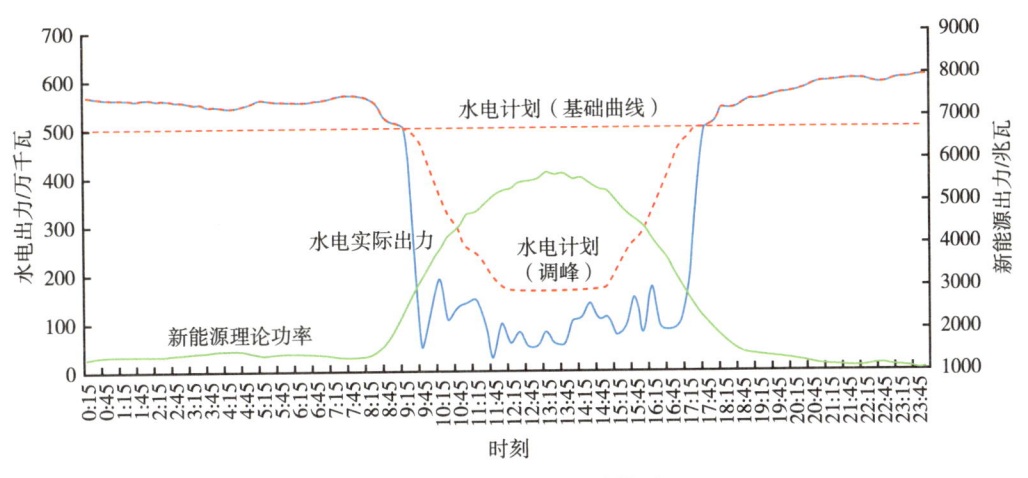

图 5.13 水电短期调度模型

如图 5.13 所示，水电从较固定的曲线调整为"随新而动"，水电日均下调出力 350 万千瓦。当新能源实际超预期时，继续增加水电调峰力度，日均调整 480 万千瓦。

此外，针对高占比新能源电网日益增大的频率风险，西北电网还创新开展梯级水电联合调频调峰调度，将黄河上游梯级水电作为一个"虚拟调频厂"参与全网频率调整，在调度端设置调频主站，计算频率调节量，并按照一定原则将调节量分配至各机组，由各机组作为执行端进行出力调节，共同确保大电网频率安全。

5.6 本章小结

水风光多能互补系统的联合调度，是提升电网保供应保消纳能力、促进新能源消纳的重要手段，也是加快建设以新能源为主体的新型电力系统的必要之举。本章基于我国流域水风光规划开发前景，阐述了水风光多能互补调度运行模式和相关特点，分析了水电在水风光多能互补中的作用和定位，总结归纳了水风光多能互补调度运行关键技术，并进行了不同模式的水风光多能互补调度运行实例分析，以说明水风光多能互补运行的特点。

随着风电、光伏等新能源占比逐渐提高，为实现水风光多能互补系统的联合调度，还需进一步加强与政府、规划、市场、电站的各方联动，研究提高常规水电调节能力的运行方式，研究水电配合大规模新能源运行的市场机制，研究一体化调控运行、省地协调调控等集约化管理模式，统筹好各方利益诉求，充分发挥水风光多能互补优势。

参考文献

[1] Landberg L. Short-term prediction of local wind conditions [J]. Journal of Wind Engineering and Industrial Aerodynamics, 2001, 89 (3): 235-245.

[2] Guo ZH, Zhao J, Zhang WY, et al. A corrected hybrid approach for wind speed prediction in Hexi Corridor of China [J]. Energy, 2010, 36 (3): 1668-1679.

[3] Zhao J, Guo YL, Xiao X, et al. Multi-step wind speed and power forecasts based on a WRF simulation and an optimized association method [J]. Applied Energy, 2017, 197: 183-202.

[4] Niu XS, Wang JY. A combined model based on data preprocessing strategy and multi-objective optimization algorithm for short-term wind speed forecasting [J]. Applied Energy, 2019, 241: 519-539.

[5] Xiao LY, Qian F, Shao W. Multi-step wind speed forecasting based on a hybrid forecasting architecture and an improved bat algorithm [J]. Energy Conversion and Management, 2017, 143: 410-430.

[6] Liu D, Niu DX, Wang H, et al. Short-term wind speed forecasting using wavelet transform and support vector machines optimized by genetic algorithm [J]. Renewable Energy, 2014, 62: 592-597.

[7] Mi XW, Liu H, Li YF. Wind speed prediction model using singular spectrum analysis, empirical mode decomposition and convolutional support vector machine [J]. Energy Conversion and Management, 2019, 180: 196-205.

[8] 张俊涛, 甘霖, 程春田, 等. 大规模风光并网条件下水电灵活性量化及提升方法 [J]. 电网技术, 2020, 44 (9): 3227-3239.

[9] 唐茂林, 黄炜斌, 余锐. 大规模水风光互补调度技术与应用 [M]. 北京: 企业管理出版社, 2021: 200.

[10] 冯双磊, 王伟胜, 刘纯, 等. 风电场功率预测物理方法研究 [J]. 中国电机工程学报, 2010, 30 (2): 1-6.

[11] 么艳香, 叶林, 屈晓旭, 等. 风-光-水多能互补发电系统功率云耦合模型分析 [J]. 电网技术, 2021, 45 (5): 1750-1759.

[12] 张丽琴, 谢俊, 张秋艳, 等. 基于Shapley值抽样估计法的风-光-水互补发电增益分配方法 [J]. 电力自动化设备, 2021, 41 (9): 126-132.

[13] 赖春羊, 马光文, 谢航, 等. 基于综合效益指标体系的风水互补系统经济调度 [J]. 电网技术, 2021, 45 (11): 4319-4328.

[14] 闻昕, 孙圆亮, 谭乔凤, 等. 考虑预测不确定性的风-光-水多能互补系统调度风险和效益分析 [J]. 工程科学与技术, 2020, 52 (3): 32-41.

[15] 贾一飞, 林梦然, 董增川. 龙羊峡水电站水光互补优化调度研究 [J]. 水电能源科学, 2020, 38 (10): 207-210.

［16］明波，李研，刘攀，等.嵌套短期弃电风险的水光互补中长期优化调度研究［J］.水利学报，2021，52（6）：712-722.

［17］申建建，王月，程春田，等.水风光多能互补发电调度问题研究现状及展望［J］.中国电机工程学报，2022，42（11）：3871-3885.

第6章 风光抽蓄（储）互补调度运行

风、光发电与常规水电站联合发电中的调节过程属于单向调节，即当风、光发电比例增加到一定程度，如果没有通过一定手段将这部分电能储存起来，就要舍弃多余的电能。风、光发电与抽水蓄能电站互补运行中存在的调节过程属于双向调节，即可以发电过程中平衡风、光发电的波动性，也可以在用电低谷时抽蓄机组水泵运行进行储能，进而提高新能源的利用率。

6.1 风光抽蓄互补运行特性

抽水蓄能电站中广泛应用的是可逆式水泵水轮机与可逆式电动发电机相配套模式。常规定速抽水蓄能机组可以解决风、光发电峰谷较大的问题，但是其存在水泵工况功率不可调，水轮机工况运行效率偏低，不能在最佳的稳定区域内运行的问题。如果抽水蓄能机组采用变速电机，可以扩大水泵水轮机的运行水头/扬程的范围，提高抽水蓄能机组的性能。变速抽水蓄能机组的变速方式目前可分为两类：一是分档变速（一般分两档），如我国岗南、密云、潘家口等的早期抽水蓄能电站都采用此种方式，其缺点是不能平滑无级变速；二是连续调速，连续调速是最理想的变速方式，可分为定子侧变频调速（全功率变频模式）及变频交流励磁调速（双馈变频式）。相关研究表明，变速运行可以增加水轮机的运行效率，提升水泵工况的入力调节能力，通过有功、无功的快速调节提高系统的稳定性。

6.1.1 抽水蓄能机组技术

6.1.1.1 定速抽水蓄能机组概述

目前大多采用可逆式抽水蓄能机组，它向一个方向旋转抽水，向另一个方向旋转发电，把水泵和水轮机合并成一台机组，轴向尺寸可以大大缩小，其主要特点是可逆式水泵水轮机的转轮能适应两种工况的水力特性要求,机组结构更为简单,节省了材料,降低了运行成本,并使安装、运行、维护都变得简单和方便。可逆式抽水蓄能机组在运行有以下特点:

(1)双向旋转

由于可逆式水泵水轮机作水轮机和水泵运行时的旋转方向是相反的,因此与之配套的电动发电机也需要相应地双向旋转。

(2)发电、抽水频繁和工况转换迅速

抽水蓄能电站在电力系统中担任填谷调峰的任务,一般情况下每天至少要抽发2次,有的抽水蓄能电站抽发甚至更为频繁。抽水蓄能电站还经常作调频、调相运行,工况调整也很频繁。此外,还要求抽水蓄能电站能迅速增减负荷,大型机组一般要求具有每秒钟变动1万千瓦负荷能力,从空载到满负荷以及从抽水转换到发电运行,也要求在很短时间内完成。

(3)需要专门的启动措施

电动发电机在作发电机运行时可以利用水泵水轮机启动,但是在作电动机运行时没有启动力矩,必须依靠其他启动方法将机组从静止状态加速到亚同步转速,投入励磁并上电网,才能产生同步转矩并进入同步电动机运行状态,所以必须采用专门的启动措施。

(4)过渡过程复杂

抽水蓄能机组在工况转换过程中要经历各种复杂的水力过渡过程和机械、电气瞬态过程。这些瞬态过程中,机组将发生比传统水轮机发电机组大得多且更加复杂的受力和振动,对整个电机的设计都提出了更严格的要求。

6.1.1.2 变速抽水蓄能机组概述

(1)交流励磁变速抽水蓄能机组

交流励磁变速抽水蓄能机组中定子结构与定速抽蓄机组一致,两者的主要区别在于转子结构及励磁系统的组成。变速抽蓄机组的转子是由硅钢片叠片形成隐极式圆筒形,转子设有线槽,槽中安置三相交流励磁绕组。励磁系统由交流变频装置代替定速抽蓄机组的普通可控硅直流整流装置。变速抽蓄机组的原理如图6.1所示。

(2)全功率变频式变速抽水蓄能机组

全功率变频式变速抽水蓄能机组是在电网与发电电动机定子之间连接了一个与发电电动机功率相同的变流器。发电模式时将发电机发出的电压、频率不同的电能,经过变流器后变成与电网电压、频率相同的电能,输入电网。电动模式时则作为电动机,功率流向相反,电机从电网消耗电能。

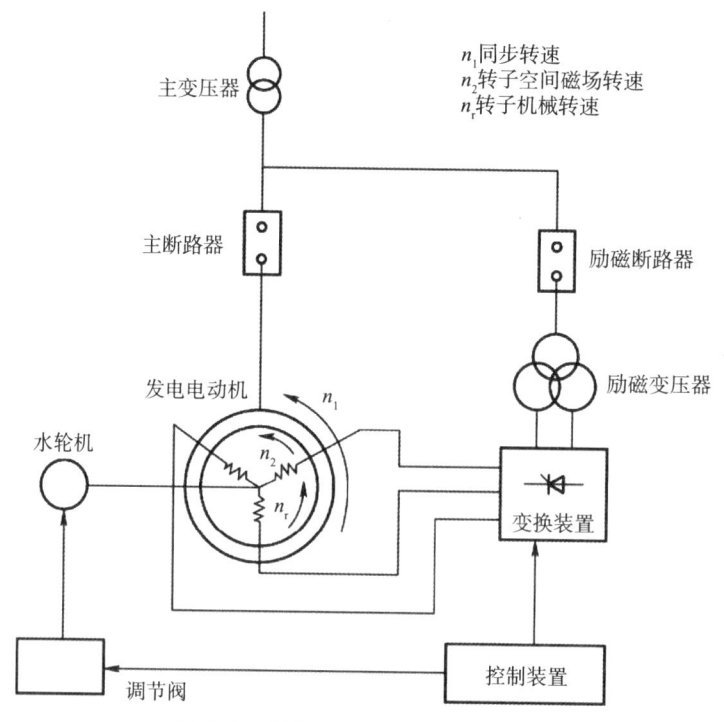

图 6.1 交流励磁变速抽蓄机组原理

全功率变频变速系统采用同步电机，与传统定速系统较为相似，相比于交流励磁类型的抽蓄机组结构更加简单。全功率变流器连接主变压器与同步电机，通过改变同步电机三相频率来改变转速。由于变流器能产生非常大的转矩电流，所以电机在发电及电动模式下均能实现从零到额定转速（或更高）的变化，启动快速、无须离水。同时，机组在电动与发电模式间切换时，电机可一直保持与电网的连接，模式转换时间非常快，无须定子短路开关。变流器可以产生/吸收无功功率，具有非常好的低电压穿越性能（LVRT），在非常严重的电网扰动时，可以极大地支持电网的稳定性。

6.1.2 定速及变速抽水蓄能机组能量特性

由于定速抽水蓄能机组的水泵水轮机转速固定不变，故水泵工况下，一个扬程只对应一个功率值，即当定速抽水蓄能机组运行到某一特定扬程时，只能吸收某一固定的功率值。联合运行时，对于新能源发电功率的短时、瞬时波动无法做出快速响应，更无法调节吸纳多余功率。变速水泵水轮机在电站运行范围内的任何扬程时都可以快速通过调整水泵工作转速，改变机组入力，对新能源发电的功率波动做出响应，满足调节需求。

定速抽水蓄能机组在平滑风、光发电功率，降低弃风弃光率方面作出了重要的贡献。例如，我国辽宁蒲石河抽水蓄能电站，夜间利用风能发电抽水蓄能，白天利用所储水能发电，充分利用了风能资源，降低了弃风率，但是定速抽水蓄能机组无法灵活调节风、光发电的波动功率。变速抽水蓄能机组相较于定速机组，其功率调节性能得到了大幅度增强，进一步降低了弃风弃光率。从水泵能量特性角度来看，定速抽水蓄能机组水泵水轮机功率调节形式为一维段式，而变速抽水蓄能机组水泵水轮则扩展为二维平面，变速水泵水轮机的水泵工况能量效益可以近似正比于定速水泵水轮机水泵工况能量效益，其能量效益得到了明显的提高。

6.1.3 定速与变速抽水蓄能机组功率特性对比分析

功率特性是描述抽水蓄能机组的重要特征，通过定速与变速抽水蓄能机组的功率对比分析，可以很好体现变速抽水蓄能机组的优越性。以双馈式变速抽水蓄能机组为例，分析定速与变速抽水蓄能机组的功率特性。

定速抽水蓄能机组的功率运行范围一般由额定容量限制、水轮机输出功率极限、最大转子电流限制、静态稳定限制、失励限制、定子端部发热限制，6个限制条件确定。变速抽水蓄能机组的功率运行范围受滑差率（s）的影响，在滑差率一定的情况下，其功率运行范围一般受额定容量限制、水轮机输出功率限制、最大转子电流限制、最大转子电压限制 4 个条件限制，与定速抽水蓄能机组相比，少了 2 个限制条件。其中，额定容量限制、水轮机输出功率限制与定速机组一致。变速抽水蓄能机组由于没有功角稳定极限，故无须考虑失励问题，因此不存在静态稳定限制和失励限制。结合定速抽水蓄能机组与变速抽水蓄能机组的功率运行限制条件，绘制出相应的典型功率圆图，如图 6.2、图 6.3 所示。其中黄色部分为定速抽水蓄能机组的功率运行范围。

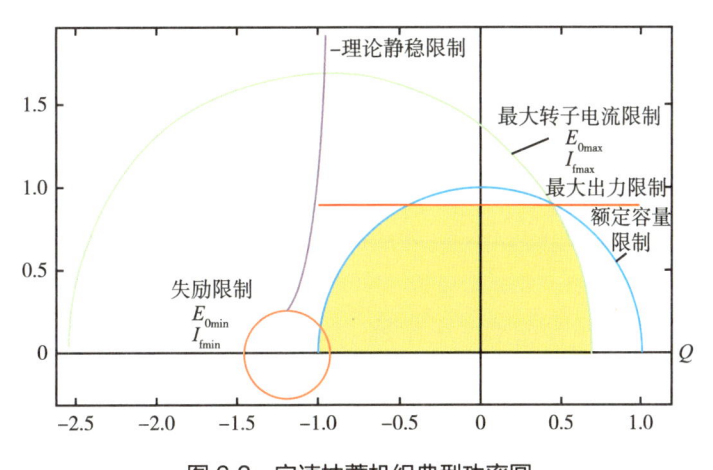

图 6.2 定速抽蓄机组典型功率圆

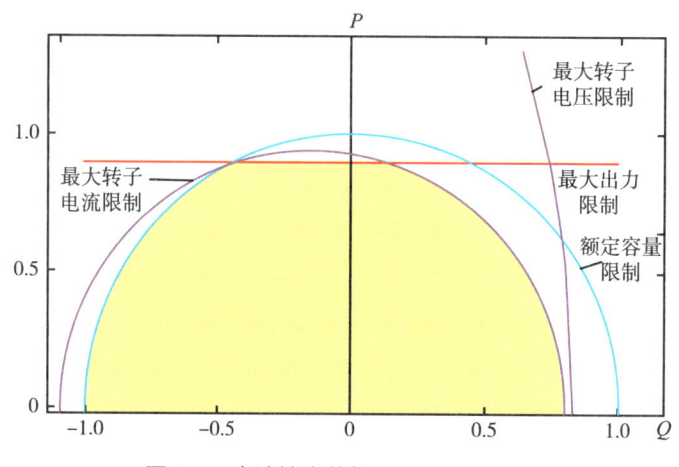

图 6.3 变速抽水蓄能机组典型功率圆

对比定速与变速抽水蓄能机组运行限制条件（表 6-1），将定速机组和变速机组的功率圆绘制在同一平面上，在机组参数大致相同的情况下，其对比如图 6.4 所示，可以看出变速抽水蓄能机组功率特性与定速机组相比具有以下特点。

表 6.1 定速与变速抽水蓄能机组运行限制条件对比

限制条件	定速机组	变速机组
额定容量	有	有
最大出力	有	有
最大转子电流限制	有	有
静态稳定极限	有	无
失励限制	有	无
最大转子电压	无	有
发电最小出力	50%	30%
抽水最小出力	100%	70%

1）发电工况最小出力：变速机组由于变速的特性对水力性能的改善较好，最小出力可降至额定出力的 30%～40%，而定速机组的最小出力一般为额定出力的 50%。

2）水泵工况：定速机组的入力范围不可调，只能运行在额定出力处。变速机组由于电机轴功率与转速呈三次方关系，故可运行在 70%～100% 额定出力范围。

3）通过功率圆的比较可以发现，变速机组在水轮机工况及水泵工况机组运行功率范围都要优于定速机组。

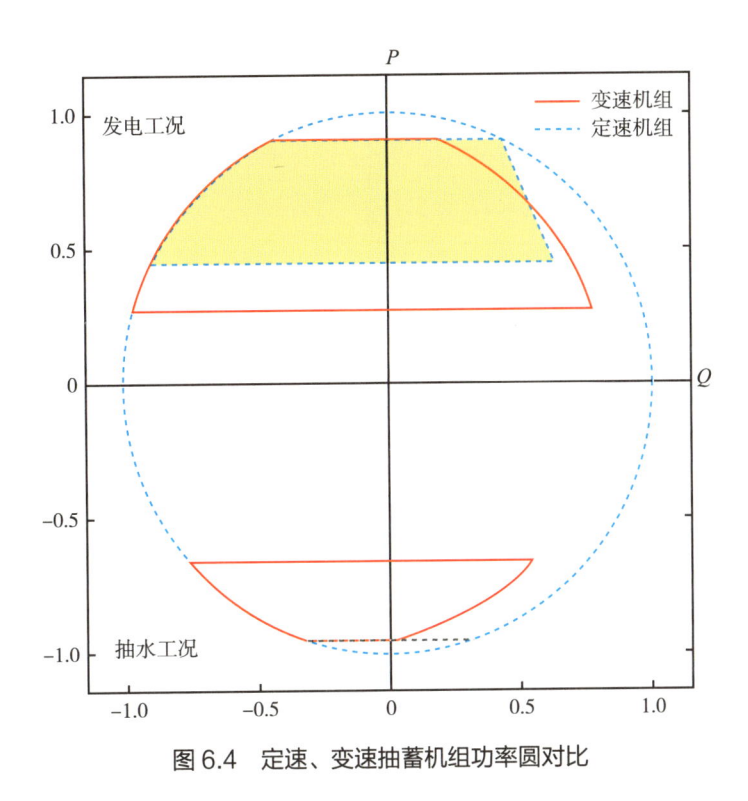

图 6.4　定速、变速抽蓄机组功率圆对比

因此，变速机组与定速机组相比具有明显的运行性能优势，可以为风、光发电的新型电力系统提供更好的支持。

6.1.4　抽水蓄能电站与风、光发电的互补性

为了提高可再生能源发电的消纳能力，推动可再生能源发电的可持续发展，保证电力用户的供电质量和电网的安全稳定性，国内外专家一致提出新能源发电应配备一定容量的储能系统。在所有的储能技术中，抽水蓄能技术是目前公认的大规模储能技术中最成熟可靠和经济效益最好的。风电、光伏发电在时间和地域上具有一定的互补性，利用其在时空分布上的不一致性，通过配置抽水蓄能技术进行互补开发，可以有效减小风、光发电出力的波动性，使之安全稳定地并入电网运行，降低弃风、弃光率，提高可再生能源在电网中所占的容量。

根据抽水蓄能电站对风电、光伏发电系统控制作用的不同，可分为以下 4 种配合运行方式。

（1）平滑出力

风、光资源的波动性和间歇性会导致风电及光伏发电出力波动较大，给系统带来消极影响。抽水蓄能电站可利用快速耗电、发电的特性，平滑联合系统的总有功出力曲线，从而使风、光电并入电网时满足安全、可靠、稳定的运行要求。

（2）跟踪出力

监控系统依照提前预测的出力曲线，严格调节和控制抽水蓄能电站的耗电、发电过程，使系统发出的总有功出力曲线与预测出力曲线相似。预测出力曲线可以通过系统所处区域的气候以及自然环境等得到，还可以通过负荷预测情况获得。

（3）负荷曲线削峰填谷

依照负荷峰谷特性的变化情况，抽水蓄能电站也随之变换抽水、发电方式。凌晨系统负荷较低，抽水蓄能系统处于储能状态，从电网中吸收并储存多余的风能；中午光伏发电较多时，抽水蓄能系统处于储能状态，从电网中吸收并储存多余的太阳能；傍晚系统负荷较高，光伏发电减少，抽水蓄能系统处于发电状态，向电网释放电能，缓解负荷压力，使整个电源系统出力更加平稳。

（4）系统调频

在实际应用中，风速和太阳光照强度对风力和光伏发电的有功功率影响较大，其出力难以有效预测和控制，故一般选用火电或水电机组来进行系统的调频。随着风、光等新能源规模的不断扩大，用于电力系统调频的机组容量也不断降低，需要开发和研究新的调频方式。变速抽水蓄能技术具有快速调节作用，可以快速调节系统频率。

充分发挥储能作用，可有效减少新能源弃电率，保障新能源企业收益，促进新能源市场更加健康稳定发展。抽水蓄能电站运行本身消耗电能，但有利于整个电力系统的节能（节煤），其高效利用清洁能源，为更多地吸收利用季节性可再生电能创造条件，同时可将负荷低谷期电能转换储存后在高峰期释放，从而节省系统燃料消耗，达到减排效果。因此，抽水蓄能电站的建设，可以提高系统中新能源消纳电量占比，减轻大气污染和控制温室气体排放，对促进实现我国双碳目标、构建新型电力系统具有重要意义。

6.2 风光抽蓄联合发电调度运行

6.2.1 风光发电和抽蓄电站联合运行的厂网协调机制

风光抽蓄联合发电系统作为一个整体参与电网运行，主要目的是利用抽水蓄能机组启停迅速、爬坡能力强的优点，即通过对系统负荷的调节，使余留给火电机组的负荷序列尽量平稳不变，以减少火电机组的出力波动和开停机次数，削减整个电力系统的燃料消耗或运行成本。在不考虑电网的网架结构和电网潮流分析时，根据电力供应和电力消费的同时性可知，包括水电站和火电机组在内所有发电总出力之和与系统负荷扣除新能源出力后的负荷应该平衡。高比例风电、光伏接入后，电网调节压力增大。火电作为传统电力系统中主要调节电源，往往需要进入深度调峰，即在常规运行范围之外越下限运行，从而导致运行煤耗成本增大，增加由于低周疲劳损耗和蠕变损耗引起的机组磨损成本，并可能发生投油、等离子点火等形式的助燃成本，加速机组老化。深度调峰可能影响火电机组的安全经济运行。

通过协调风光抽蓄联合的运行状态和出力，使得系统负荷与风光抽蓄联合系统出力的差值（即净负荷）曲线越平坦，余留给火电的负荷曲线也越平稳，火电机组参与深度调峰的次数就越小，将改善电力系统运行的经济性和安全性。在此背景下，风光抽蓄联合调度参与调峰，调节系统的净负荷曲线应是风光抽蓄调度的主要目标。最为广泛使用的包括电网剩余负荷最大值最小、剩余负荷峰谷差最小、剩余负荷平均距最小、剩余负荷均方差最小 4 个目标函数。抽水蓄能电站具有复杂的水力电力耦合关系，受到库容、流量、功率上下限限制。

风光抽蓄联合发电系统参与系统运行的厂网协调机制如图 6.5 所示，包含以下步骤。

1）风电场和光伏电站根据历史运行数据或次日的气象预报数据预测次日的出力曲线；

2）风光抽蓄联合发电系统综合考虑电网电价、抽水蓄能电站的技术特性（水库库容限制、抽蓄机组装机容量、抽蓄机组启停限制等）、风电实际出力与预测出力之间可能存在的偏差等因素，确定次日的风光抽蓄联合发电系统的出力计划，并提前向电网调度中心上报；

3）电网调度中心根据次日的负荷预测、国调和区域网调分别下发跨区和跨省联络线计划、系统对风电的消纳能力和输电线路容量限制等，对风光抽蓄联合发电系统申报的出力计划进行修正，确保申报的出力曲线尽量跟随负荷的变化趋势以缓解自身的调峰压力，并下发给风光抽蓄联合发电系统；

4）风光抽蓄联合发电系统和调度中心会就出力计划进行反复磋商，直至双方均可接受，并签订相应的送电合约；

5）调度中心根据确定好的风光抽蓄联合体的出力计划，安排电网中其他电站的出力计划。

6.2.2 抽水蓄能在新型电力系统中的运行控制

光伏日出上网、日落下网，是不可调节的可再生能源，与电网的"双峰"负荷需求不匹配。风电间歇性、波动性强，出力预测精度不高，出现突发波动时极易造成供需不平衡。同时，随着作为当前调峰电源的主力军的火电比重逐渐下降，将会更加削弱电力系统的调节能力，电力系统将面临严峻的调节形势。

在新型电力系统中，电网结构日趋复杂，电力电子设备广泛应用，交流电网薄弱，系统扰动易引发交直流、送受端电网连锁反应。新能源接入导致系统惯量持续下降，一次调频整体性能显著降低，大功率缺失极易诱发全网频率稳定问题，电网面临严重的安全风险挑战。

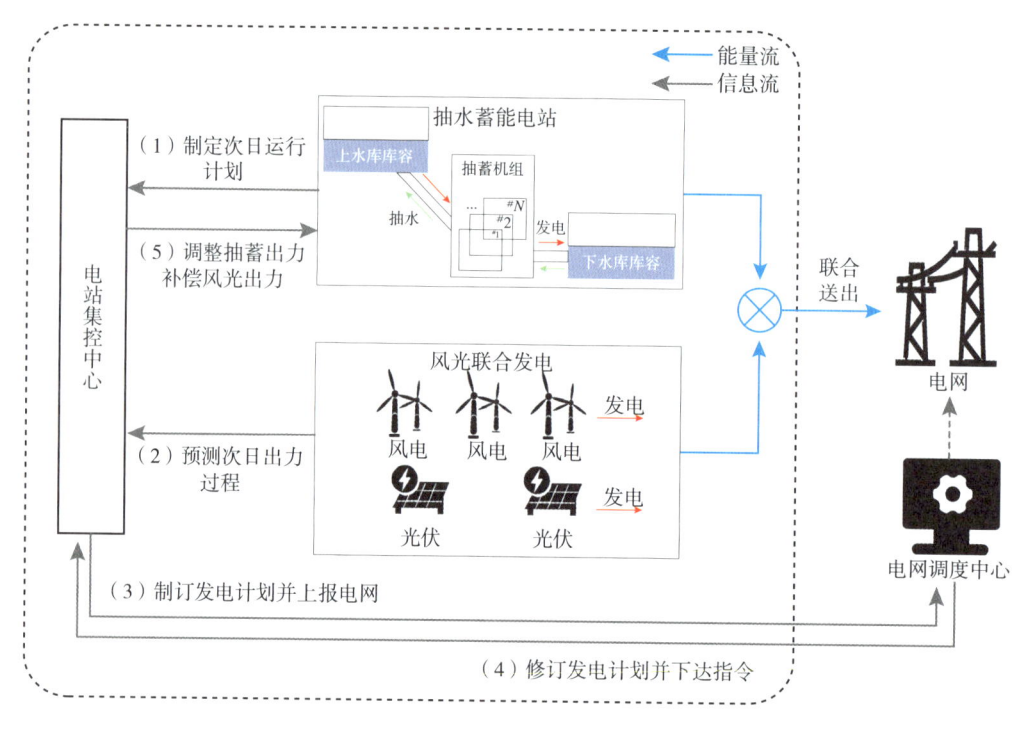

图6.5　风－光－抽蓄电站与电网协同过程

由于新能源出力的间歇性和波动性，新能源的局部平衡成本巨大，甚至出现弃风、弃光现象，降低电力系统整体经济运行水平，为应对电力系统"双峰"负荷需求，如果增加电源冗余将进一步推高供电成本，降低运行效率。如果因供需不平衡导致局部电力短缺，将对经济社会带来不利影响，因此电网也面临经济运行的挑战。

抽水蓄能作为电网侧最为成熟、规模最大的储能调节电源，在新型电力系统中的基础性调节作用、综合性保证作用和公共性服务作用愈加凸显，将为新型电力系统起到全面支撑作用。

一是有效应对高比例新能源给电力系统带来的潜在安全影响，提升电力系统安全稳定运行能力。抽水蓄能承担系统紧急备用功能，凭借快速启停、快速功率调节特性随时响应突发调节需求。同时抽水蓄能负荷低谷水泵运行参与"三道防线"建设,在电力系统出现严重故障时,能以毫秒级切除负荷,应对电网大规模功率缺额冲击。

二是有效应对高比例新能源带来的系统调峰困难,提升电力系统大容量调峰能力。抽水蓄能具有抽水和发电双向调节能力,凭借双倍调峰容量优势,可有效缓解因新能源出力不稳定导致的高峰负荷供给问题和因低谷时段新能源大发导致的消纳困难问题,尤其是通过中午和夜间抽水,完美匹配了新型电力系统午间光伏和夜间风电大发引起的反向调峰特性。

三是有效应对高比例新能源的随机性和波动性,提升电力系统快速调节能力。抽水蓄能可凭借出力调节速率优势进行负荷快速跟随,助力电力系统更好地适应因风电、光伏的随机性、波动性造成的系统频率波动,有效缓解光伏早晚高峰出力陡增陡降造成的快速调节问题,满足新能源"靠天吃饭"带来的灵活调节需求。

四是有效应对高比例新能源出力与电力系统负荷需求不匹配,提升新能源利用水平。传统电力系统生产模式是"源随荷动",强调实时供需平衡。新型电力系统中新能源装机远超实际负荷,新能源大发时,系统因负荷水平较低而产生弃电,新能源出力不足时恰逢用电高峰而出现电力短缺。抽水蓄能通过储能调节,实现新能源发电与电力负荷在时间上的解耦,提升新能源利用水平。

五是有效应对高比例新能源电力系统转动惯量不足,提升电力系统抗扰动能力。在新型电力系统中,电源结构由可控连续出力的煤电装机占主导,向新能源发电装机占主导转变,使电力系统转动惯量快速降低,对系统稳定带来严重影响。在新型电力系统中火电并网比例下降后,相较其他储能电源,抽水蓄能机组连续挂网运行可以为系统提供转动惯量,增强电力系统抗扰动能力,维持系统稳定。

六是有效应对高比例新能源上网带来的高调节成本问题,提升电力系统整体经济性。抽水蓄能单位千瓦造价水平较低,是整体经济性最好的灵活调节电源。抽水蓄能通过常规电源替代,可以有力减少启停成本,降低排放。通过与各类新型储能和灵活调节技术配合联动,可有力促进新能源消纳,降低电力系统调节成本,提升全系统运行的经济性。

6.3 水风光多能互补的新型储能支撑技术

6.3.1 新型储能的形式

根据中关村储能产业技术联盟数据统计,截至2021年,我国电力项目中,抽水蓄能占比 86.3%，新型储能占比 12.5%，熔融盐储热占比 1.2%，抽水蓄能储能形式在目前储能产业中占比明显最大。发展储能已经上升为国家战略，《关于完整准确全面贯彻新发展理念做好碳达峰碳中和工作的意见》明确提出在推进抽水蓄能的同时也要加快推进新型储能规模化应用，《"十四五"新型储能发展实施方案》提出到 2025 年，新型储能由商业化初期步入规模化发展阶段，具备大规模商业化条件。合理利用储能技术，可以有效解决新能源电站的消纳问题以及并网问题，储能技术也是推动智能电网发展、解决用电峰谷问题的重要支撑技术。根据储能形式的不同，可将储能技术分为以下 5 种：①物理储能，如抽水蓄能、压缩空气储能、飞轮储能；②电气储能，如超导线圈储能、超级电容器储能；③电化学储能，如锂离子电池、液流电池；④热储能，如显热储能、熔融盐储能；⑤化学储能，如氢能、合成天然气储能。

6.3.1.1 物理储能

（1）飞轮储能

在《"十四五"新型储能发展实施方案》中，"飞轮储能技术规模化应用"被列入"十四五"新型储能技术试点示范重点。飞轮储能可以类比为一种储存电能的陀螺，其原理是利用和飞轮同轴旋转的电机电能与飞轮动能之间的转换：在储能阶段，通过电动机拖动飞轮，使飞轮加速到一定的转速，将电能转化为旋转动能储存；在能量释放阶段，飞轮减速，电动机作发电机运行，将动能转化为电能输出。

据中关村储能产业技术联盟数据，截至 2021 年年底，全球已投运电力储能项目累计装机规模为 2.09 亿千瓦，新型储能的累计装机规模为 2550 万千瓦，飞轮储能占新型储能的 1.8%。我国已投运电力储能项目累计装机规模为 4600 万千瓦，其中抽水蓄能为主力，累计装机 3980 万千瓦，新型储能的累计装机规模为 572.97 万千瓦，飞轮储能占新型储能的 0.1%。与其他储能技术相比，目前飞轮储能技术成本较高，装机规模在储能市场中占比较小。飞轮储能的材料主要为钢材，且电子元器件原材料成本较低，大规模制造后成本会下降，且维护成本低。

2022 年 4 月底，国内首个 1000 千瓦级飞轮储能项目投运，5 月 17 日，河北省发改委发布的《2022 年度列入省级规划电网侧独立储能示范项目清单》中，立项了两个 10 万千瓦的飞轮储能项目，支持了飞轮储能的大容量化发展。

（2）压缩空气储能

压缩空气储能采用空气作为能量的载体，大型压缩空气储能利用过剩电力将空气压缩并储存在一个地下结构（如地下洞穴等），当需要时再将压缩空气与天然气混合，燃烧膨胀以推动燃气轮机发电，可以解决光伏、风电等不稳定可再生能源发电并网难等问题。压缩空气储能作为一种新型储能技术，已被写入国家"十四五"规划。

经过近 50 年的不断发展，压缩空气储能已成为除抽水蓄能之外的另一种大规模物理储能技术。截至 2021 年年底，国内多个压缩空气储能示范项目建成并网：国际首套 10 万千瓦先进压缩空气储能国家示范项目落地张家口；江苏金坛项目是世界首个非补燃压缩空气储能电站；山东肥城 1 万千瓦压缩空气储能调峰电站项目也在当年完工。2022 年 5 月，江苏金坛 6 万千瓦盐穴压缩空气储能电站正式投产运行。同时，一批 10 万～30 万千瓦级项目正在建设或开展前期工作。

长期来看，低成本、安全性高、长寿命是储能技术发展的趋势。先进的压缩空气储能技术具有规模大、成本低、寿命长、清洁无污染、储能周期不受限制、不依赖化石燃料及地理条件等优势，是极具发展潜力的长时储能技术，可广泛应用于电力系统调峰、调频、调相、旋转备用、黑启动等场景中，在提高电力系统效率、安全性、经济性等方面具有较大发展空间和竞争力。

6.3.1.2 电气储能

（1）超级电容器储能

超级电容器相较于传统电容器具有更高的能量密度，相较于电池具有更高的功率密度，是一种新型功率型储能器件。按照工作原理类型，超级电容可分为 3 类：双电层电容、混合型超级电容、赝电容，其中双电层电容是目前市场主流的超级电容类型，混合超级电容具备更高的能量密度，逐渐成为重要的研究方向。

根据超级电容产业联盟数据，2021 年全球超级电容市场规模达 15.9 亿美元，预计 2027 年将达 37 亿美元，2021—2027 年市场规模复合年均增长率（CAGR）约 18%。2021 年中国超级电容市场规模达 25.3 亿元，预计 2027 年将超过 60 亿元，2021—2027 年市场规模 CAGR 将超 20%。

（2）超导储能

超导储能系统是采用超导线圈将电磁能储存起来，需要时再将电磁能返回电网或其他负载的一种电力设施。一般由超导磁体、低温系统、磁体保护系统、功率调节系统和监视系统等部分组成。

在新能源电力系统，尤其是当前大力发展等风力发电和光伏发电系统中，利用超导磁储能与统一电控器结合，不但可以进行电网的瞬态质量管理，稳定电网的动态性能，还能缓解次生同步谐振，提升紧急故障应变能力；对于大负载需求，可以减少电网波动，保证电力持续、稳定输出；在要求功率高、响应快的特性方面，超导储能装置可作为高功率脉冲电源使用。

6.3.1.3 电化学储能

电化学储能是储能技术中的一种重要形式，主要包括各种二次电池，有铅酸电池、锂离子电池、钠硫电池和液流电池等，这些电池多数在技术上比较成熟，近年来成为关注的重点，并且还获得许多实际应用。在电化学储能中，锂离子电池又占据了主流地位。

截至2021年年底，全球新型储能累计装机为2550万千瓦，同比增长67.7%，其中锂离子电池占据绝对主导地位。在新型储能中，锂离子电池累计装机占比达89.7%，是当前应用最广泛的新型储能技术。我国锂离子电池储能技术已达世界先进水平。

液流电池是电化学储能中的技术路线之一，是一种利用金属氧化还原过程中产生的能量差，以实现化学能与电能转换的技术。据中国化学与物理电源行业协会（CIAPS）统计，2021年我国电化学储能装机中，锂电池的功率占比超过9成，其次是铅蓄电池占比5.5%，液流电池占比2.9%。由于锂电池存在安全隐患、铅蓄电池寿命极短、钠硫电池必须在300～350℃的苛刻温度环境下工作，液流电池的优势凸显。液流电池将能量存储于水性电解液中，且能量转化不依赖固体电极，因此没有燃烧爆炸的风险，符合储能安全需求；可以灵活调控电池容量，通过增加电解液轻松扩容；液流电池原料在国内储藏丰富，价格低廉，不依赖进口，性价比极高。在大规模长时间储能的情况下，液流电池具有显著的经济优势，在电力系统储能领域具有广阔的应用前景。

根据伍德麦肯兹咨询有限公司（WoodMackenzie）预测，未来10年电化学储能装机将持续增高，年复合增长率将达31%。其中我国作为电化学储能的装机大国和能源革命先锋，电化学储能装机累计规模在未来5年的保守复合增长率将达57.4%，理想状态下更是能达到70.5%，实现真正的超高速增长。

6.3.1.4 热储能

热储能技术是以储热材料为媒介，将太阳能光热、地热、工业余热、低品位废热等或者将电能转换为热能储存起来，在需要时释放，以解决由于时间、空间或强度上的热供给与需求间不匹配所带来的问题，最大限度提高整个系统能源利用率。

热储能与电化学储能相比，在装机规模、能量密度、技术成本、使用寿命等方面具有优势；与压缩空气储能和抽水蓄能相比，热储能具有占地面积小、成本低、储能密度高、对环境影响小、不受地理、环境条件限制等诸多优势。截至2021年年底，全球光热发电站等装机容量约660万千瓦，2021年美国能源部资助了20余项光热发电研究项目，光热储能发电技术和产业在发达国家很受重视。

我国经过十几年的发展，截至 2021 年 12 月，太阳能光热储能发电已有 3 座实验电站、9 座商业化电站建成并网发电，总装机容量达 52.1 万千瓦，中国企业在国外总包建成和在建的光热储能电站装机容量超 100 万千瓦。

6.3.1.5 化学储能

化学类储能主要是指利用氢或合成天然气作为二次能源的载体。利用待弃的风电、光电制氢，通过电解水，可直接用氢作为能量的载体，再将氢与二氧化碳反应成为合成天然气（甲烷），以合成天然气作为另一种二次能量载体。

在规模储能经济性方面，随着储能时间增加，储能系统的边际价值下降，可负担成本也将下降，规模化储氢比储电成本要低一个数量级；在储运方式灵活方面，氢储能可采用长管拖车、管道运输等方式；在地理条件和生态保护方面，相较于抽水蓄能和压缩空气等大规模储能技术，氢储能不需要特定的地理条件且不会破坏生态环境。

截至 2021 年，世界主要发达国家在运营的氢储能设施已有 9 座，均分布在欧盟。目前，国内有少量氢储能项目已正式运行或试运行。

6.3.2 新型储能对水风光多能互补的支撑作用

近年来，新型储能技术发展迅速，在源网荷不同环节有广泛的应用场景。不同的新型储能形式具备多时间尺度调节特性，同时大多具备环境友好、应用地域不受限等优势，可以与水电互补提高水风光调节能力，为水风光多能互补开发提供了新的思路，具体来说，新型储能对水风光多能互补的支撑作用体现在如下方面。

（1）推动并网友好型水风光电站建设

在新能源富集地区，如内蒙古、新疆、甘肃、青海等地，配置快速响应的新型储能设备，推动高精度长时间尺度功率预测、智能调度控制等创新技术应用，保障新能源高效利用，提升新能源并网友好性。在对电网的调频、调峰、调相等支撑能力方面，电化学储能、飞轮储能等新型储能形式可以提升水风光基地的功率补偿响应速度，提升水风光多能互补的容量支撑能力。

（2）促进新能源外送和消纳

汛期水电受到来水影响，往往难以对风光新能源发电进行日内调节，从而导致弃风、弃光。依托存量和"十四五"新增跨省、跨区输电通道，通过"水风光火储一体化"多能互补模式，结合风光开发规模，配置一定比例的具备日内调节能力的新型储能，可以促进大规模新能源跨省区外送消纳，提升通道利用率和可再生能源占比。

(3) 快速平抑风光新能源波动

受到振动区、爬坡率、机械磨损等限制，难以跟踪风电、光伏新能源出力的短时波动性，平滑风电、光伏出力曲线。配置快速响应的新型储能设备如电化学储能，可以有效提高电站启动响应和调节功率，更好地跟踪风光新能源出力的随机波动电源的出力过程，减小新能源并网对系统带来的冲击。

(4) 提高大容量跨季节能量存储能力

借助大容量跨季节的新型储能如电制氢，配合西北、西南地区大型风电、光伏基地开发，探索利用可再生能源制氢应用场景，利用制氢设备的快速调节能力，消纳新能源和水电弃电量。利用氢能的大规模和快速调节能力，拓展和提高水电的能量存储能力，支撑大规模新能源外送。

6.4 本章小结

当前，能源转型不断深化，清洁低碳、安全高效的能源体系正在加快构建。国家层面发布了一系列的政策文件，对抽水蓄能和新型储能发展提出了指导意见，推动储能的产业和应用快速发展。本章分析了风光抽蓄的运行特性和互补机制，介绍了风光抽蓄的联合发电规划和调度运行，分析了新型储能对水风光多能互补开发的支撑作用，对于推动风光抽蓄高质量发展具有重要意义。

参考文献

[1] 施一峰, 闫伟, 梁廷婷, 等. 可变速抽水蓄能机组稳态运行特性研究 [J]. 大电机技术, 2022 (3): 14-20.

[2] 任岩, 侯尚辰. 基于多能互补的抽水蓄能电站站址选择的研究 [J]. 水电与抽水蓄能, 2021, 7 (6): 37-39.

[3] 李晓鹏, 李岩, 刘舒然, 等. 基于可变速抽水蓄能技术提升区域电网新能源消纳水平的研究 [J]. 智慧电力, 2021, 49 (10): 52-58, 112.

[4] 贺儒飞. 定速与变速抽水蓄能机组功率特性分析对比 [J]. 水电与抽水蓄能, 2021, 7 (4): 51-55, 74.

[5] 衣传宝, 梁廷婷, 汪卫平, 等. 全功率变速抽水蓄能机组无功优先控制策略研究 [J]. 电力电容器与无功补偿, 2021, 42 (1): 25-31.

[6] 衣传宝, 杨梅, 梁廷婷, 等. 全功率变频抽水蓄能机组技术应用浅析 [J]. 水电与抽水蓄能, 2020, 6 (5): 56-61.

[7] 张韬，高彦明.可变速抽水蓄能机组水泵水轮机能量特性及效益优势浅析[J].水电与抽水蓄能，2020，6（4）：32-35.

[8] 费万堂，衣传宝，杨梅，等.河北丰宁抽水蓄能电站交流励磁变速机组工程设计与认识[J].水电与抽水蓄能，2020，6（4）：12-18，57.

[9] 苏康博，杨洪明，余千，等.考虑多类型水电协调的风光电站容量优化配置方法[J].电力系统保护与控制，2020，48（4）：80-88.

[10] 戴嘉彤，董海鹰.基于抽水蓄能电站的风光互补发电系统容量优化研究[J].电网与清洁能源，2019，35（6）：76-82.

[11] 安周鹏，吴景辉，廖文亮，等.交流励磁可变速抽水蓄能技术的应用及其前景[C]//.抽水蓄能电站工程建设文集，浙江省缙云县，2018.

[12] 赵杰君，栾凤奎，杨霄霄.抽水蓄能变速机组前期规划策略初探[J].水力发电，2018，44（4）：57-59.

[13] 周婷，唐修波.风光抽水蓄能电站联合运行研究[C]//.抽水蓄能电站工程建设文集，北京市，2017.

[14] 畅欣，韩民晓，郑超.全功率变流器可变速抽水蓄能机组的功率调节特性分析[J].电力建设，2016，37（4）：91-97.

[15] 胡林献，顾雅云，姚友素.并网型风光互补系统容量优化配置方法[J].电网与清洁能源，2016，32（3）：120-126.

[16] 杨和稳，任增.风光互补发电系统中抽水蓄能电站的优化配置[J].计算机仿真，2015，32（4）：111-115，143.

[17] 曹昉.风电及抽水蓄能电站容量规划方法研究[D].保定：华北电力大学，2013.

[18] 王国玉.可变速抽水蓄能机组特点[J].水电站机电技术，2012，35（6）：18-20.

[19] 郭海峰.交流励磁可变速蓄能机组技术及应用[J].南方电网技术，2011，5（4）：97-100.

[20] 陈新，赵文谦，万久春，等.风光互补抽水蓄能电站系统配置研究[J].四川大学学报（工程科学版），2007（1）：53-57.

[21] 吕树清.交流励磁变速抽水蓄能机组的应用探讨[J].南昌水专学报，2000（4）：29-32.

[22] 赵琨，史毓珍.浅谈连续调速抽水蓄能机组的应用[J].水力发电，2000（4）：34-37.

[23] 高传昌，等.抽水蓄能电站技术[M].郑州：黄河水利出版社，2011.

[24] 刘长义，谢勇刚.抽水蓄能在新型电力系统中的功能作用分析[J].水电与抽水蓄能，2021，7（6）：7-10.

[25] 王磊，魏敏.新型电力系统场景下抽水蓄能的应用探讨[J].水电与抽水蓄能，2021，7（6）：15-16，23.

第 7 章　水风光多能互补开发政策

我国大力促进风电、光伏的高比例、大规模、高质量发展，一方面，积极扩大风电、光伏装机规模；另一方面，鉴于风电、光伏发电出力的随机性、波动性、间歇性，灵活调节电源已成为新型电力系统的重要需求和资源配置的核心诉求。必须大力发展清洁低碳的灵活调节电源，促进以水电、抽水蓄能为调节电源的水风光多能协同发展。"十四五"开局以来，一系列重要文件陆续出台，支持水、风、光以及水风光多能互补综合开发。

7.1　顶层规划指引多能互补发展新方向

新时代，我国社会经济发展对于能源行业提出新要求，《中华人民共和国国民经济和社会发展第十四个五年规划和 2035 年远景目标纲要》明确指出我国要构建现代能源体系。推进能源革命，建设清洁低碳、安全高效的能源体系，提高能源供给保障能力。加快发展非化石能源，坚持集中式和分布式并举，大力提升风电、光伏发电规模，加快发展东中部分布式能源，有序发展海上风电，加快西南水电基地建设，安全稳妥推动沿海核电建设，建设一批多能互补的清洁能源基地。提高特高压输电通道利用率，加快电网基础设施智能化改造和智能微电网建设，提高电力系统互补互济和智能调节能力，加强源网荷储衔接，提升清洁能源消纳和存储能力，提升向边远地区输配电能力，加快抽水蓄能电站建设和新型储能技术规模化应用。

大力推进现代能源体系建设，水风光综合开发，建设大型清洁能源基地、特高压电力外送通道、大容量调节电源等多项国家级区域级重大工程。在大型清洁能源基地方面，建设雅鲁藏布江下游水电基地；建设金沙江上下游、雅砻江流域、黄河上游和几字湾、河西走廊、新疆、冀北、松辽等清洁能源基地；建设广东、福建、浙江、江苏、山东等海上风电基地。在电力外送通道方面，建设白鹤滩至华东、金沙江上游外送等特高压输电通道；实现闽粤联网、川渝特高压交流工程；研究论证陇东至山东、哈密至重庆等特高压输电通道。在大容量调节电源方面，建设桐城、磐安、泰安二期、浑源、庄河、安化、贵阳、南宁等抽水蓄能电站；实施电化学、压缩空气、飞轮等储能示范项目；开展黄河梯级电站大型储能项目研究。

2021年12月，国家发展改革委、国家能源局发布《关于推进电力源网荷储一体化和多能互补发展的指导意见》，指出源网荷储一体化和多能互补发展，有利于提升电力发展质量和效益，强化源网荷储各环节间协调互动，充分挖掘系统灵活性调节能力和需求侧资源；有利于各类资源的协调开发和科学配置，提升系统运行效率和电源开发综合效益，构建多元供能智慧保障体系；有利于全面推进生态文明建设，优先利用清洁能源资源、充分发挥常规电站调节性能、适度配置储能设施、调动需求侧灵活响应积极性；有利于加快能源转型，促进能源领域与生态环境协调可持续发展；有利于促进区域协调发展，发挥跨区源网荷储协调互济作用，扩大电力资源配置规模；有利于推进西部大开发形成新格局，改善东部地区环境质量，提升可再生能源电量消费比重。

新形势下多能互补实施路径。一是，利用存量常规电源，合理配置储能，统筹各类电源规划、设计、建设、运营，优先发展新能源，积极实施存量"风光水火储一体化"，稳妥推进增量"风光水（储）一体化"，探索增量"风光储一体化"，严控增量"风光火（储）一体化"。二是，强化电源侧灵活调节作用。充分发挥流域梯级水电站、具有较强调节性能水电站、火电机组、储能设施的调节能力，减轻送受端系统的调峰压力，力争各类可再生能源综合利用率保持在合理水平。三是，优化各类电源规模配比。在确保安全的前提下，最大化利用清洁能源，稳步提升输电通道输送可再生能源电量比重。四是，确保电源基地送电可持续性。统筹优化近期开发外送规模与远期自用需求，在确保中长期就近电力自足的前提下，明确近期可持续外送规模，超前谋划好远期电力接续。推进多能互补，可提升可再生能源消纳水平。与"风光储"和"风光火储"相比，"风光水储"有利于发挥我国水力发电的资源和技术优势，是当前鼓励增量推进的重要形式。

7.2 双碳战略构建新时代多能互补发展大框架

清洁低碳是全球能源发展主流大势。习近平总书记在2020年9月郑重提出，提高国家自主贡献力度，采取更加有力的政策和措施，二氧化碳排放力争于2030年前达到峰值，努力争取2060年前实现碳中和，奠定了我国"30·60碳达峰碳中和"的主旨基调。为实现双碳目标，需要全社会多领域各行业的共同努力。能源电力行业作为减排降碳的主战场，具有举足轻重的作用。2020年12月12日，在"气候雄心峰会"上，习近平总书记进一步明确了2030年新能源发展目标，风电、太阳能发电总装机容量将达到12亿千瓦以上，非化石能源占一次能源消费比重将达到25%左右。截至2021年，全球130多个国家提出了碳中和的目标愿景。

2021年10月24日，中共中央、国务院下发了《中共中央国务院关于完整准确全面贯彻新发展理念做好碳达峰碳中和工作的意见》（以下简称《意见》），拉开了我国碳达峰、碳中和政策文件密集出台的大幕。《意见》明确指出在能源领域，要构建清洁低碳安全高效能源体系。根据主要目标，到2025年，绿色低碳循环发展的经济体系初步形成，非化石能源消费比重达到20%；2030年，经济社会发展全面绿色转型取得显著成效，非化石能源消费比重达25%左右，风电、太阳能发电总装机容量达12亿千瓦以上；2060年，绿色低碳循环发展的经济体系和清洁低碳安全高效的能源体系全面建立，非化石能源消费比重达80%以上。

在"水风光"等可再生能源发展规划方面，实施可再生能源替代行动，大力发展风能、太阳能、生物质能、海洋能、地热能等，不断提高非化石能源消费比重。坚持集中式与分布式并举，优先推动风能、太阳能就地就近开发利用，因地制宜开发水能，加快推进抽水蓄能和新型储能规模化应用，统筹推进氢能"制储输用"全链条发展。构建以新能源为主体的新型电力系统，提高电网对高比例可再生能源的消纳和调控能力。

与此同时，以体制机制为水、风、光等可再生能源快速发展打开局面、保驾护航。推进电力市场化改革，完善中长期市场、现货市场和辅助服务市场衔接机制，扩大市场化交易规模。推进电网体制改革，明确以消纳可再生能源为主的增量配电网、微电网和分布式电源的市场主体地位。加快形成以储能和调峰能力为基础支撑的新增电力装机发展机制。完善电力等能源品种价格市场化形成机制，从有利于节能的角度深化电价改革，理顺输配电价结构，全面放开竞争性环节电价，加快完善能源统一市场。

此后，国务院印发《2030年前碳达峰行动方案》（以下简称《方案》），指出能源是经济社会发展的重要物质基础，也是碳排放的最主要来源。能源领域绿色低碳转型行动位列"碳达峰十大行动"之首。行动要求坚持安全降碳，在保障能源安全的前提下，大力实施可再生能源替代。行动针对"水、风、光"及与之关联的新型电力系统，提出了明晰的任务安排。

《方案》提出要大力发展新能源，全面推进风电、太阳能发电大规模开发和高质量发展，坚持集中式与分布式并举，加快建设风电和光伏发电基地。加快智能光伏产业创新升级和特色应用，创新"光伏+"模式，推进光伏发电多元布局。

坚持陆海并重，推动风电协调快速发展，完善海上风电产业链，鼓励建设海上风电基地。积极发展太阳能光热发电，推动建立光热发电与光伏发电、风电互补调节的风光热综合可再生能源发电基地。因地制宜发展生物质发电、生物质能清洁供暖和生物天然气。探索深化地热能以及波浪能、潮流能、温差能等海洋新能源开发利用。到2030年，风电、太阳能发电总装机容量达12亿千瓦以上，进一步完善可再生能源电力消纳保障机制。

《方案》指出要因地制宜开发水电，积极推进水电基地建设，推动金沙江上游、澜沧江上游、雅砻江中游、黄河上游等已纳入规划、符合生态保护要求的水电项目开工建设，推进雅鲁藏布江下游水电开发，推动小水电绿色发展，推动西南地区水电与风电、太阳能发电协同互补。统筹水电开发和生态保护，探索建立水能资源开发生态保护补偿机制。"十四五""十五五"期间分别新增水电装机容量4000万千瓦左右，西南地区以水电为主的可再生能源体系基本建立。

《方案》明确要加快建设新型电力系统，构建新能源占比逐渐提高的新型电力系统，推动清洁电力资源大范围优化配置。大力提升电力系统综合调节能力，加快灵活调节电源建设。积极发展"新能源＋储能"、源网荷储一体化和多能互补，支持分布式新能源合理配置储能系统。制定新一轮抽水蓄能电站中长期发展规划，完善促进抽水蓄能发展的政策机制。深化电力体制改革，加快构建全国统一电力市场体系。到2030年，抽水蓄能电站装机容量达1.2亿千瓦左右，省级电网基本具备5%以上的尖峰负荷响应能力。

7.3 "十四五"系列能源规划奠定多能互补发展总基础

当今全球气候治理呈现新局面。加快构建现代能源体系是保障国家能源安全，如期实现双碳目标的内在要求，也是推动实现经济社会高质量发展的重要支撑。"水、风、光"与可再生能源发展，新型电力系统构建，能源清洁低碳转型，能源安全保障密切相关。2022年3月，国家发展改革委印发《"十四五"现代能源体系规划》(以下简称《规划》)，要求在"十四五"时期现代能源体系建设中能源保障更加安全有力，到2025年，发电装机总容量达到约30亿千瓦，能源低碳转型成效显著，非化石能源消费比重提高到20%左右，非化石能源发电量比重达39%左右。能源系统效率大幅提高，到2025年，灵活调节电源占比达24%左右。非化石能源消费比重在2030年达25%，并在此基础上进一步大幅提高，可再生能源发电成为主体电源。

《规划》要求壮大清洁能源产业，实施可再生能源替代，大力发展非化石能源；推动构建新型电力系统，加强源网协调提高电能质量；从多能互补基地开发运行考虑，统筹提升区域能源发展水平，加快能源产业数字化、智能化升级。加快发展风电、太阳能发电，全面推进风电和太阳能发电大规模开发和高质量发展，优先就地、就近开发利用。在风能和太阳能资源禀赋较好、建设条件优越、具备持续整装开发条件、符合区域生态环境保护等要求的地区，有序推进风电和光伏发电集中式开发，加快推进以沙漠、戈壁、荒漠地区为重点的大型风电、光伏基地项目建设，积极推进黄河上游、新疆、冀北等多能互补清洁能源基地建设。积极推动工业园区、经济开发区等屋顶光伏开发利用，推广光伏发电与建筑一体化应用。开展风电、光伏发电制氢示范。鼓励建设海上风电基地，推进海上风电向深水远岸区域布局。积极发展太阳能热发电。

《规划》要求因地制宜开发水电。坚持生态优先、统筹考虑、适度开发、确保底线，积极推进水电基地建设，推动金沙江上游、雅砻江中游、黄河上游等河段水电项目开工建设。实施雅鲁藏布江下游水电开发等重大工程。实施小水电清理整改，推进绿色改造和现代化提升。推动西南地区水电与风电、太阳能发电协同互补。到2025年，常规水电装机容量达3.8亿千瓦左右。增强电源协调优化运行能力。提高风电和光伏发电功率预测水平，完善并网标准体系，建设系统友好型新能源场站。加快推进抽水蓄能电站建设，实施全国新一轮抽水蓄能中长期发展规划，推动已纳入规划、条件成熟的大型抽水蓄能电站开工建设。优化电源侧多能互补调度运行方式，充分挖掘电源调峰潜力。力争到2025年，抽水蓄能装机容量达6200万千瓦以上、在建装机容量达6000万千瓦左右。

《规划》要求推进西部清洁能源基地绿色高效开发。以长江经济带上游四川、云南和西藏等地区为重点，坚持生态优先，优化大型水电开发布局，推进西电东送接续水电项目建设。积极推进多能互补的清洁能源基地建设，科学优化电源规模配比，优先利用存量常规电源实施"风光水（储）""风光火（储）"等多能互补工程，大力发展风电、太阳能发电等新能源，最大化利用可再生能源。"十四五"期间，西部清洁能源基地年综合生产能力增加3.5亿吨标准煤以上。重点实施智慧能源示范工程。以多能互补的清洁能源基地、源网荷储一体化项目、综合能源服务、智能微网、虚拟电厂等新模式、新业态为依托，开展智能调度、能效管理、负荷智能调控等智慧能源系统技术示范。

2022年6月，国家发展改革委等9部门正式印发《"十四五"可再生能源发展规划》，指出大力发展可再生能源已经成为全球能源转型和应对气候变化的重大战略方向和一致宏大行动。加快发展可再生能源、实施可再生能源替代行动，是推进能源革命和构建清洁低碳、安全高效能源体系的重大举措。"十四五"时期我国可再生能源将进入高质量跃升发展新阶段，呈现新特征：一是大规模发展，在跨越式发展基础上，进一步加快提高发电装机占比；二是高比例发展，由能源电力消费增量补充转为增量主体，在能源电力消费中的占比快速提升；三是市场化发展，由补贴支撑发展转为平价低价发展，由政策驱动发展转为市场驱动发展；四是高质量发展，既大规模开发、也高水平消纳、更保障电力稳定可靠供应。我国可再生能源将进一步引领能源生产和消费革命的主流方向，发挥能源绿色低碳转型的主导作用，为实现碳达峰、碳中和目标提供主力支撑。"水、风、光"是可再生能源的核心，直接关系着可再生能源的发展未来。2025年，可再生能源消费总量达10亿吨标准煤左右，可再生能源年发电量达3.3万亿千瓦·时左右。"十四五"期间，可再生能源发电量增量在全社会用电量增量中的占比超过50%，风电和太阳能发电量实现翻倍。全国可再生能源电力总量消纳责任权重达33%左右，可再生能源电力非水电消纳责任权重达18%左右，可再生能源利用率保持在合理水平。

为实现水风光多能互补开发，一是统筹推进水风光综合基地一体化开发；二是大力推进风电和光伏发电基地化开发；三是提升可再生能源存储能力；四是推动可再生能源外送消纳。

围绕"水风光"中"水"这一调节支撑，科学有序推进大型水电基地建设。推进前期工作，实施雅鲁藏布江下游水电开发；做好金沙江中上游等主要河流战略性工程和控制性水库的勘测设计工作，按照生态优先、统筹考虑、适度开发、确保底线原则，进一步优化工程建设方案。积极推动金沙江岗托、奔子栏、龙盘，雅砻江牙根二级，大渡河丹巴等水电站前期工作。推动工程建设，实现金沙江乌东德、白鹤滩，雅砻江两河口等水电站按期投产；推进金沙江拉哇、大渡河双江口等水电站建设；重点开工建设金沙江旭龙、雅砻江孟底沟、黄河羊曲等水电站。落实网源衔接，推进白鹤滩送电江苏、浙江输电通道建成投产，推进金沙江上游送电湖北等水电基地外送输电通道开工建设。加强四川等地的电网网架结构，提升丰水期通道输电能力，保障水电丰水期送出。

积极推进大型水电站优化升级，发挥水电调节潜力。充分发挥水电既有的调峰潜力，在保护生态的前提下，进一步提升水电灵活调节能力，支撑风电和光伏发电大规模开发。在中东部及西部地区，适应新能源的大规模发展，对已建、在建水电机组进行增容改造。科学推进金沙江、雅砻江、大渡河、乌江、红水河、黄河上游等主要水电基地扩机。

依托西南水电基地统筹推进水风光综合基地开发建设。做好主要流域周边风能、太阳能资源勘查，依托已建成水电、"十四五"期间新投产水电调节能力和水电外送通道，推进"十四五"期间水风光综合基地统筹开发。针对前期和规划水电项目，按照建设水风光综合基地为导向，统筹进行水风光综合开发前期工作。统筹水电和新能源开发时序，做好风电和光伏发电开发及电网接入，明确风电和光伏发电消纳市场，完善水风光综合基地的资源开发、市场交易和调度运行机制，推进川滇黔桂、藏东南水风光综合基地开发建设。

加快推进抽水蓄能电站建设。开展各省（区、市）抽水蓄能电站需求论证，积极开展省级抽水蓄能资源调查行动，明确抽水蓄能电站的建设规模和布局，编制全国新一轮抽水蓄能中长期规划。大力推动项目建设，实现丰宁、长龙山等在建抽水蓄能电站按期投产；加快已纳入规划、条件成熟的大型抽水蓄能电站开工建设；加快纳入全国抽水蓄能电站中长期规划项目前期工作并力争开工。在新能源快速发展地区，因地制宜开展灵活分散的中小型抽水蓄能电站示范，扩大抽水蓄能发展规模。此外，对于抽水蓄能的混合开发模式，推进黄河上游梯级电站大型储能试点项目建设。开展黄河上游梯级电站大型储能项目研究，解决工程技术问题，提升开发建设经济性。探索新能源发电抽水与梯级储能电站、流域梯级水电站的联合运行，创新运行机制。充分利用黄河上游已建成梯级水电站调节库容，推进龙羊峡-拉西瓦河段百万千瓦级梯级电站大型储能试点项目建设，支撑青海省新能源消纳和外送。

围绕"水风光"中"风光"这一电量支撑，加快推进以沙漠、戈壁、荒漠地区为重点的大型风电、太阳能发电基地。以风光资源为依托、以区域电网为支撑、以输电通道为牵引、以高效消纳为目标，统筹优化风电、光伏和支撑调节电源布局，在内蒙古、青海、甘肃等西部北部沙漠、戈壁、荒漠地区，加快建设一批生态友好、经济优越、体现国家战略和国家意志的大型风电、光伏基地项目。依托已建跨省区输电通道和火电"点对网"输电通道，重点提升存量输电通道输电能力和新能源电量占比，多措并举增配风电、光伏基地。依托"十四五"期间建成投产和开工建设的重点输电通道，按照新增通道中可再生能源电量占比不低于50%的要求，配套建设风电、光伏基地。依托"十四五"期间研究论证输电通道，规划建设风电、光伏基地。创新发展方式和应用模式，建设一批就地消纳的风电、光伏项目。发挥区域电网内资源时空互济能力，统筹区域电网调峰资源，打破省际电网消纳边界，加强送受两端协调，保障大型风电、光伏基地消纳。

围绕"水风光"的基地外送，优化新建通道布局，推动可再生能源跨省跨区消纳。加快建设白鹤滩至华东、金沙江上游至湖北特高压输电通道，在确保水电外送的基础上，扩大风电和光伏发电外送规模。加快建设陕北至湖北、哈密至重庆、陇东至山东等特高压直流输电通道建设，提升配套火电深度调峰能力，在送端区域内统筹布局风电和光伏发电基地，可再生能源电量占比原则上不低于50%。

7.4 抽水蓄能及可再生能源一体化助力谱写多能互补新篇章

抽水蓄能是当前技术最成熟、经济性最优、最具大规模开发条件的电力系统绿色低碳清洁灵活调节电源，与风电、太阳能发电、核电等配合效果较好。加快发展抽水蓄能，是构建以新能源为主体的新型电力系统的迫切要求，是保障电力系统安全稳定运行的重要支撑，是可再生能源大规模发展的重要保障。在全球应对气候变化，我国努力实现"双碳"目标，加快能源绿色低碳转型的新形势下，抽水蓄能加快发展势在必行。

抽水蓄能电站具有调峰、填谷、储能、调频、调相、事故备用和黑启动等多种功能，是建设现代智能电网新型电力系统的重要支撑，是构建清洁低碳、安全可靠、智慧灵活、经济高效新型电力系统的重要组成部分。随着我国经济社会快速发展，产业结构不断优化，人民生活水平逐步提高，电力负荷持续增长，电力系统峰谷差逐步加大，电力系统灵活调节电源需求进一步加大。到2030年风电、太阳能发电总装机容量12亿千瓦以上，大规模的新能源并网迫切需要大量调节电源提供优质的辅助服务，构建以新能源为主体的新型电力系统对抽水蓄能发展提出更高要求。遵循生态优先、和谐共存，区域协调、合理布局，成熟先行、超前储备，因地制宜、创新发展的基本原则。2021年8月，国家能源局发布《抽水蓄能中长期发展规划（2021—2035年）》（以下简称《抽水蓄能规划》），到2025年，我国抽水蓄能投产总规模6200万千瓦以上；到2030年，投产总规模1.2亿千瓦左右；到2035年，形成满足新能源高比例大规模发展需求的，技术先进、管理优质、国际竞争力强的抽水蓄能现代化产业，培育形成一批抽水蓄能大型骨干企业。

《抽水蓄能规划》明确加强项目优化布局，统筹新能源为主体的新型电力系统安全稳定运行、高比例可再生能源发展、多能互补综合能源基地建设和大规模远距离输电需求，结合站点资源条件，在满足本省（区、市）电力系统需求的同时，统筹考虑省际间、区域内的资源优化配置，合理布局抽水蓄能电站。重点布局一批对系统安全保障作用强、对新能源规模化发展促进作用大、经济指标相对优越的抽水蓄能电站。

《抽水蓄能规划》指出兼顾京津冀一体化以及蒙东区域新能源发展和电力系统需要，华北地区重点布局在河北、山东等省；服务新能源大规模发展需要，东北地区重点布局在辽宁、黑龙江、吉林等省；服务核电和新能源大规模发展，以及接受区外电力需要，华东地区重点布局在浙江、安徽等省，华南地区重点布局在广东和广西；服务中部城市群经济建设发展需要，华中地区重点布局在河南、湖南、湖北等省；服务新能源大规模发展和电力外送需要，重点围绕新能源基地及负荷中心合理布局，重点布局在"三北"地区。中长期规划布局重点实施项目340个，总装机容量约4.21亿千瓦。

《抽水蓄能规划》要求因地制宜开展中小型抽水蓄能建设，发挥中小型抽水蓄能站点资源丰富、布局灵活、距离负荷中心近、与分布式新能源紧密结合等优势，在湖北、浙江、江西、广东等资源较好的省（区、市），结合当地电力发展和新能源发展需求，因地制宜规划建设中小型抽水蓄能电站。探索与分布式发电等结合的小微型抽水蓄能技术研发和示范建设，简化管理，提高效率。

《抽水蓄能规划》提出探索推进水电梯级融合改造，开展水电梯级融合改造潜力评估工作，鼓励依托常规水电站增建混合式抽水蓄能，加强环境影响评价。发展重点为中东部地区梯级水电，综合考虑梯级综合利用要求、工程建设条件和社会环境因素等，推进示范项目建设并适时推广。

根据各省（区、市）开展的规划需求成果，综合考虑系统需求和项目建设条件等因素，本次中长期规划提出抽水蓄能储备项目247个，总装机规模约3.05亿千瓦。在已有工作基础上，各省（区、市）不断滚动开展抽水蓄能站点资源普查和项目储备工作，综合考虑地形地质等建设条件和环境保护要求，开展规划储备项目调整工作。加强协调，合理合规地推动规划项目布局与生态保护红线协调衔接，为纳入规划重点实施项目、加快项目实施创造条件。

2022年3月，国家能源局发布《关于开展全国主要流域可再生能源一体化规划研究工作有关事项的通知》，目标依托主要流域水电开发，充分利用水电灵活调节能力和水能资源，在合理范围内配套建设一定规模的以风电和光伏为主的新能源发电项目，建设可再生能源一体化综合开发基地，实现一体化资源配置、规划建设、调度运行和消纳，提高可再生能源综合开发经济性和通道利用率，提升水风光开发规模、竞争力和发展质量，加快可再生能源大规模高比例发展进程。以水风光为主的可再生能源一体化开发是新时期可再生能源高质量发展的必由之路。

新时代背景下，将构建以水电调节能力为核心的水风光可再生能源一体化发展，坚持统筹优化、生态优先、集约高效、科学可行，加强与资源开发利用、生态环境、国土空间、带动地方发展等统筹协调和优化，实现整体利益最优。严格落实生态环境法律法规和要求，推进以水风光为主的可再生能源一体化与生态环境和谐发展。优化水风光资源配置、通道能力及相关要素，实现可再生能源综合集约高效一体化开发。

规划定位于资源规划，研究范围主要是：主要流域，原则上以干流为主，水能资源技术可开发量200万千瓦以上；流域水电开发基础较好，流域内已建、在建及规划新建水电具有一定调节能力，或流域内具备建设与水电配套运行的抽水蓄能电站的调节；以流域分水岭为边界，流域内风能、太阳能等新能源资源条件较好，具备开发条件。第一，梳理流域水电开发及调节能力，包括水电扩机潜力以及流域内抽水蓄能站点资源情况，流域周边已建、在建具备调节能力的火电情况，开展风光资源和开发潜力研究。此外还研究生物质发电、地热发电等可再生能源开发潜力。第二，研究以水风光为主的可再生能源一体化特性，重点围绕水风光一体化资源配置、一体化规划建设、一体化调度运行、一体化经济性评价、一体化消纳等方面开展特性研究。第三，研究以水风光为主的可再生能源一体化布局，以水电站为单元开展水风光一体化项目布局研究，提出可再生能源综合基地布局。第四，综合资源特性、基地项目布局和水电开发进度等，研究提出流域以水风光为主的可再生能源综合基地开发时序、开发规模建议等。最后，保障措施研究，重点从一体化开发机制、电价机制、流域调度运行等方面，提出保障措施。

7.5 水风光多能互补开发政策建议

为推进水风光多能互补开发，总结提出以下政策研究方向。

1）项目审批政策：优化前期工作流程，精简用地环评等相关手续，力争实现水风光多能互补基地一体化核准。

2）资源配置政策：从水风光多能互补一体化规划、统筹建设、联合运行角度，研究项目资源配置机制，减少碎片化开发。

3）联合运行调度政策：推动实现大型水风光多能互补基地中水、风、光多能协同优化运行，统一送出和消纳。

4）外送电价机制：结合水风光多能互补基地及消纳地区特点，研究科学合理的外送电价机制，体现水风光多能互补绿色电力的优质价值。

5）投融资政策：研究针对以水风光为主体的可再生能源多能互补项目的绿色金融服务。

7.6 本章小结

本章从国家关于水风光多能互补的顶层设计，到面向"双碳"目标能源领域行动计划针对水风光多能互补的各项要求,对"十四五"以来现代能源体系规划和可再生能源规划中关于水风光多能互补进行系统阐述,落实到近期开展的主要流域水风光一体化规划研究和抽水蓄能中长期发展规划,按照从宏观到局部,从综合到行业,从双碳目标提出到"十四五"规划开局,逐步梳理了与水风光多能互补密切相关的重要政策文件,并从项目核准、资源配置、联合运行、电价机制、绿色金融等方面提出相关政策建议方向。

参考文献

[1] 中华人民共和国国民经济和社会发展第十四个五年规划和2035年远景目标纲要[S].新华社,2021(3).

[2] 关于完整准确全面贯彻新发展理念做好碳达峰碳中和工作的意见[S].新华社,2021(10).

[3] 国务院关于印发2030年前碳达峰行动方案的通知[S].国发〔2021〕23号,中华人民共和国中央人民政府,2021(10).

[4] "十四五"现代能源体系规划[S].发改能源〔2022〕210号,国家发展改革委,国家能源局,2022(3).

[5] "十四五"可再生能源发展规划[S].发改能源〔2021〕1445号,国家发展改革委、国家能源局等9部门,2022(6).

[6] 关于推进电力源网荷储一体化和多能互补发展的指导意见[S].发改能源规〔2021〕280号,国家发展改革委,国家能源局,2021(2).

[7] 抽水蓄能中长期发展规划(2021—2035年)[S].国家能源局,2021(8).

[8] 关于开展全国主要流域可再生能源一体化规划研究工作有关事项的通知[S].国家能源局,2022(3).

第 8 章 水风光多能互补典型案例

通过水风光多能互补，将水电、抽水蓄能与风光资源综合利用、一体化、规模化发展，实现优势互补，提高可再生能源生产、消纳和存储能力，是探索新型电力系统下大规模开发风光资源，实现可再生能源可持续高质量发展的方向。本章简介北欧电网中高比例水风光多能互补现状，并根据多家设计单位和投资主体的研究成果，介绍我国水风光多能互补项目的规划设计和典型案例。

8.1 北欧电网的水风光多能互补

8.1.1 北欧电网概述

北欧是可再生能源占主导地位的地区，能源结构以水电、风电和生物质能为主，其中水电装机占比高达56%，是该地区的骨干电源。在各个国家中，挪威水电发电量占总发电量的比例高达92%，丹麦风电发电量占其总发电量比例近57%，瑞典电力来源中水电约占45%，芬兰生物质发电量占总量的16%左右。截至2021年年底，北欧电力市场的总装机容量为10031.3万千瓦，电力系统能源消耗呈明显的地域分布特征，如图8.1所示。

与我国较为类似，北欧能源资源、负荷分布呈明显的区域不平衡特点。廉价的水电多集中在北部的挪威和瑞典，昂贵的火电多集中在南部的芬兰和丹麦。与此同时，电量富余的北部地区负荷较低，而电量紧缺的南部地区负荷较高。资源与负荷分布不均衡的现实因素和水火互济的内在需求，促进了北欧电力市场的形成。

北欧电力市场始于1991年挪威电力市场改革，而后瑞典、芬兰和丹麦逐步加入，2000年丹麦的加入标志着北欧跨国电力市场正式形成。随着电力市场的不

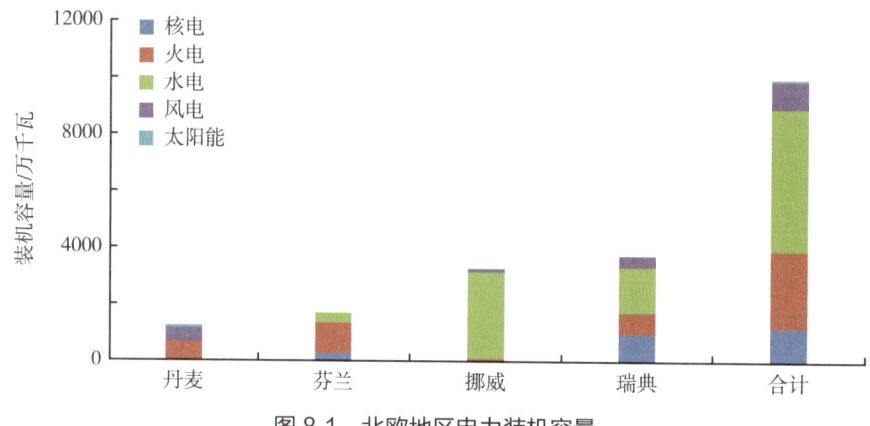

图 8.1 北欧地区电力装机容量

断发展和范围的逐步扩大，目前北欧电力市场已有 20 个国家的 370 个市场成员，包括发电商、零售公司、交易中心和输电网运营商等，如图 8.2 所示。需要注意的是，北欧的调度机构与交易中心分离，调度机构在电网企业内部，交易中心独立。同时，北欧作为欧洲可再生能源技术和智能电网建设的领跑者，风电等可再生能源利用率国际领先，这一切也得益于良好的电力市场机制。

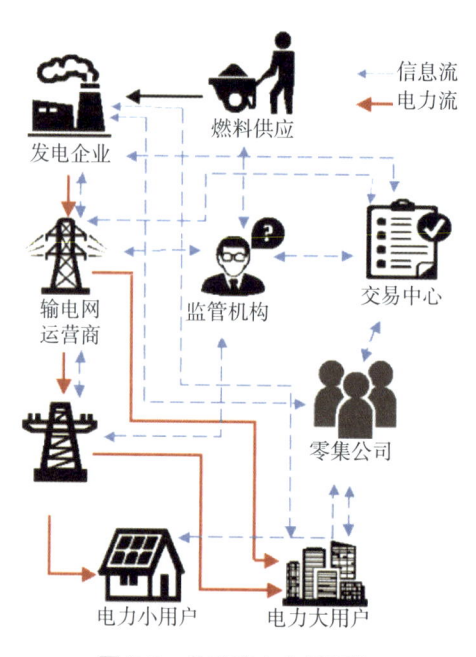

图 8.2 北欧电力市场架构

8.1.2 北欧电网水风光多能互补现状

8.1.2.1 北欧地区水、风、光资源

（1）水能资源

北欧是世界上最早开发和利用水能资源的地区之一，其水电开发技术和利用程度均处于世界领先水平，开发利用程度高于世界平均水平的20%。除丹麦因国土面积狭小、地势平坦，境内河流不具备水电开发条件外，北欧其他国家的水电开发利用程度均居世界前列，为各自国家的工业发展奠定了重要基石。

北欧水电的发展得益于其丰富的水能资源。由于特殊的地理位置，北欧国家冰川、河流、湖泊密布，水资源十分丰富，尤其是挪威、瑞典、冰岛、芬兰具有发展水电的天然优势。

欧洲最大的水电生产国挪威，是仅次于沙特阿拉伯和俄罗斯的世界第三大能源出口国。挪威西部沿海地区常年雨水不断，河川短促，且落差较大，非常适合水电开发，其每年可供开发的水电资源潜能约为2000亿千瓦·时，已开发水电资源超过70%。

水电资源也是瑞典三大资源之一，每年可供开发的水电资源潜能达1000亿千瓦·时。瑞典的水电资源开发程度达69%，仅次于挪威。

冰岛境内的冰川面积约占国土面积的11.5%，湖泊和湍急河流也十分多见，且河流多呈辐射状由中部高原向外经山地峡谷流出，水流急坡度大，亦十分适合水电开发。冰岛每年可供开发的水电资源潜能甚至高于挪威，达到2200亿千瓦·时。

芬兰被誉为"千湖之国"，内陆水域面积占国土面积的10%，有岛屿约17.9万个，湖泊约18.8万个，水资源也较丰富，每年可供开发的水电资源潜能为226亿千瓦·时，已开发水电资源达到60%。相对于挪威、瑞典、冰岛等北欧国家，芬兰的水电开发增长较慢，主要是因为芬兰一半以上的水能资源位于国家自然保护区内及芬俄边界地区，开发难度较大。

（2）风能资源

欧洲以其多样化和丰富的风能资源而闻名。北欧的风资源分布特征因地理、地形和气候等因素而有很大的差异。北欧的沿海地区风资源很好，这是由于海洋气象模式的影响，在挪威、丹麦、瑞典和芬兰海域平均风速高达10米/秒以上。北欧的高海拔地区，如阿尔卑斯山和比利牛斯山，受地形的影响而经历强风，这些地区也可能有复杂的风模式，风的方向和速度会因时间和季节的变化而改变。欧洲北部和东部由于低压系统的普遍存在和极地急流的影响，经历了强烈和持续的风影响，这些地区特别适合大规模风电项目。北欧的北海拥有全

球最大的近海风能资源之一,与陆上风能相比,近海风速更强更稳定,成为可再生能源的一个有前途的来源。总体而言,北欧的风资源分布具有高度的空间特征,根据位置的不同,风速和稳定性存在显著的差异。

(3)光伏资源

北欧地区光伏资源分布的特点因地理、气候和环境等因素也而有所不同。由于北欧地区的纬度较高,太阳辐射量较低,因此该地区的光伏资源较为有限。另外,海洋光伏是一种新兴的光伏利用技术,可在水中或靠近水面的浮动平台上安装光伏电池板。欧洲的一些地区,如挪威、瑞典等海洋国家,有望成为海洋光伏的前沿市场。随着技术和市场的发展,欧洲的光伏市场正在迅速增长,并且成为欧洲可再生能源市场的一个重要组成部分。

8.1.2.2 北欧电网结构

北欧电网,是一个包括北欧多个国家的区域性电力市场和电网。纳入北欧电网的国家和地区有丹麦、芬兰、挪威、瑞典、德国北部以及波罗的海国家(爱沙尼亚、拉脱维亚和立陶宛),这些国家和地区共同构成了一个综合互联电力系统,允许各国之间共享电力,以平衡供需并确保电网的稳定。

北欧电网以其高水平的可再生能源发电(尤其是水电和风电)以及高效且运作良好的市场机制而闻名,是世界上最环保的电力系统之一。根据北欧能源研究平台(Nordic Energy Research)公布的数据,2020年,北欧电网总发电量约为4328.6亿千瓦·时,水电约占北欧电网发电量的46%,而风能、太阳能、生物质能等其他可再生能源约占22%,其余32%的发电量来自煤炭、天然气、石油等化石燃料。北欧电网正在不断向更可持续的能源系统过渡,可再生能源发电比例将继续增加。北欧国家实施了上网电价、绿色证书、碳定价等鼓励可再生能源发展的政策。此外,该地区拥有发达的电力市场,有助于将可再生能源并入电网。

欧洲输电系统运营商电力合作协会(ENTSO-E)公布了2019年北欧地区互联电网架构图,该架构图标明了北欧电网已建及在建的发电厂、变流器、变电站和高压输电线路。其中输电线路电压等级主要包括750千伏、500千伏、380~400千伏、300~330千伏、220~275千伏、110~150千伏以及直流输电线。北欧国家陆上远距离送电以500千伏和380~400千伏等级输电线为主,并且在长距离送电需求较大的挪威、瑞典、芬兰已大量建成,而荷兰、德国、丹麦则大量在建。相对于其他北欧国家,波罗的海国家的高电压线路建设较落后。陆上中短距离送电以380~400千伏和300~330千伏等级为主,其中挪威和波罗的海国家以300~330千伏输电线路为主,荷兰、德国、瑞典、芬兰以及丹麦以220~275千伏输电线路为主。110~150千伏等级的输电线路主要在丹麦境内大量架设，在波罗的海国家亦有少量应用。直流输电线路则主要应用于跨海送电。另外，风电、水电和太阳能发电等可再生能源应用在北欧地区得到大量发展。其中，水力发电集中分布在挪威、瑞典和芬兰三国，在波罗的海国家亦有一定分布。风力发电方面，荷兰、德国和丹麦集中开发了大量海上风电场，而陆上风电较少；挪威、瑞典、芬兰及波罗的海国家则同时开发了大量海上风电场和陆上风电场。相对于水力发电和风力发电，太阳能发电在该地区开发程度较低。

总体而言，欧洲电网具有高可靠性、可持续性和高效率，在电网向可再生能源转型方面取得了重大进展，为寻求减少对化石燃料依赖的其他国家提供了宝贵的经验。

8.1.3 北欧电网运行与电力市场机制

跨国跨区电网互联使得各国电力系统的调峰能力更加灵活，既提高了可再生能源的消纳，又减少了不必要的调峰电源建设。通过统一的电力市场，既保证了各个国家清洁能源电力的互补，又为市场的稳定、低价运行提供了保障。北欧电力市场的逐步扩大使得区域间资源合理配置的优势凸显，区域间能量的交换逐步增多。

在水电方面，北欧北部地区水电资源丰富，水资源随季节变化的特点显著，挪威通过水电站调节水电发电量的同时，也积极与热能生产电力国家合作。丰水季节，北部廉价丰富的水电流向南部；枯水季节，南部充裕电量流向北方以补充水电短缺。

在新能源消纳方面，北欧电力市场依靠水电、热电联产等资源调节和跨国电力交换等手段，提高系统消纳新能源的能力。首先，北欧充足的灵活调节资源是消纳风电等新能源的前提。北欧地区热电联产机组较多，该类机组启动迅速、调峰性能好、运行灵活，能很好地参与系统电力供需平衡的调节，应对风电的波动性。此外，强大的国际电力交换网络对丹麦风电做了重要补充，成为丹麦高比例消纳风电的重要的调频资源，确保系统的供需平衡。其次，北欧有序协调的市场机制是保证灵活调节资源能很好配合风电的基础。在日前、日内和平衡调节市场组成的市场交易体系下，风电由于价格较低一般在日前市场中就被接纳，火电等传统机组则有多余的容量参与平衡调节市场获取经济补偿。优胜劣汰的竞争机制使得火电机组愿意提高自身灵活性，更多参与平衡调节市场来配合接纳风电。对于水电、热电联产等灵活资源调节出力而损失的效率，北欧市场有一套合理的补偿机制来保证该类机组得以盈利，其补偿主要是通过辅助服务市场和平衡调节市场联动的方式进行的。各国交易中心和输电网运营商会定期（周前、日前）开展备用容量市场，热电联产等灵活资源可在该市场进行报价，若被选中则可获得收益，该部分收益是备用容量费用。当热电联产机组在备用容量市场中标后，则必须要在平衡调节市场中报价，若在平衡调节市场中被选中，该机组还能获得上调/下调边际价格结算的电能费用。热电联产机组等灵活资源将取得备用容量费用与电能费用两部分收益，保证自己得以盈利。同时，北欧电网也在大力推广储能设备，以确保可再生能源为主的供电结构的稳定。

8.2 德国盖尔多夫水电池试点项目

德国马克斯·博格（MAX BÖGL）公司提出了分散式储能概念——水电池，将可再生能源与抽水蓄能电站的创新结合，为灵活的电源提供了强大的储能系统。水电池本质上是一种水电与抽水蓄能多能互补的开发模式，可以作为短期储能设施，有助于维持电网稳定性。水电池的基本组成如图 8.3 所示。

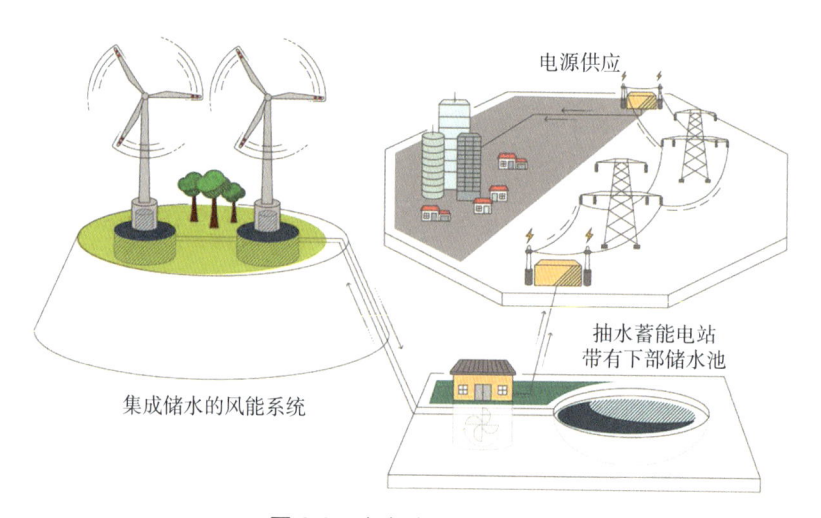

图 8.3　水电池原理示意图

试点工程位于德国盖尔多夫（Gaildorf）的林普格山（Limpurg Hills）斯瓦比亚-弗兰科尼亚森林中。工程建设由国际建筑承包商马克斯·博格公司承担，项目资金为 750 万欧元，由德国联邦政府环境、自然保护和核安全部（BMUB）提供。

在该试点项目中风力涡轮机的基础被用作上部蓄水池，并通过地下压力管道连接到山谷中的抽水蓄能电站，该抽水蓄能电站总装机容量 1.6 万千瓦，蓄电容量设计总量为 7 万千瓦·时，每个风力涡轮机的额定功率为 0.34 万千瓦。总共 16 万立方米的水将用于在主动和被动储罐中存储能量，如图 8.4、图 8.5 所示。

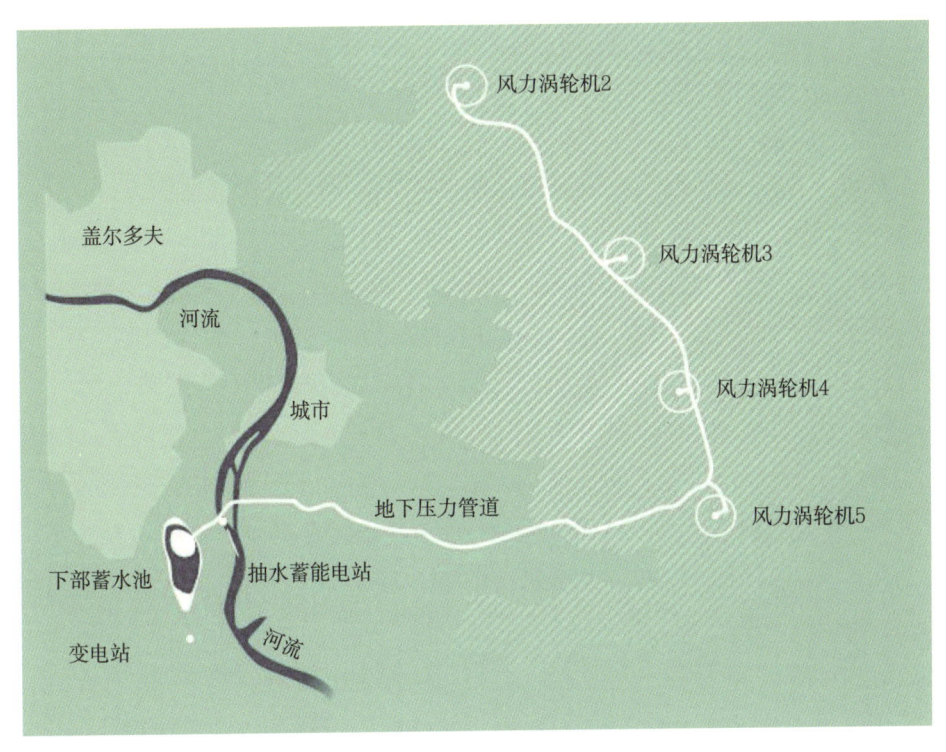

图 8.4 德国盖尔多夫水电池试点工程

(a) 集成储水的风力机　　(b) 下部蓄水池

图 8.5 德国盖尔多夫水电池试点工程细节

当风电出力较大，高于计划出力时，水电池产生风电无法将其直接公共电网，导致发生弃风电量。在盖尔多夫的试点项目中，抽水蓄能机组运行在抽水工况消纳多余风电，将多余的风电用于将水从下游蓄水池中泵入风电机底部的上游蓄水池中，进行储能；当风电出力较小时，水通过压力管道流入下游蓄水池，抽水蓄能电站中的机组运行在发电工况发电。通过风电与抽水蓄能协同，实现风电的持续可靠供电。

8.3 青海省水风光多能互补

8.3.1 基地背景

青海省太阳能资源得天独厚且风能资源丰富，可用于新能源建设的荒漠化土地资源丰富，是发展新能源产业的理想之地，是我国重要的能源接续基地。截至2021年年底，青海省清洁能源发电装机容量3893万千瓦，全省清洁能源装机占总装机容量的90.8%，新能源装机占总装机容量的61.4%，清洁能源装机、新能源装机占比均保持全国最高。非水电可再生能源电力消纳责任权重达29.3%，可再生能源电力消纳总量责任权重达77.1%。在清洁能源装机规模方面，水电装机1263万千瓦，全年水电平均利用小时数4234小时；风电装机容量953万千瓦，平均利用小时数1519小时；太阳能装机1677万千瓦，其中光热装机容量21万千瓦，占全省装机容量的1.3%，是全国光热装机容量最大的省份，光伏发电设备利用小时数1307小时。

在清洁能源分布方面，青海省风电、光伏主要开发地区位于海西、海南两个千万千瓦级可再生能源基地。两个基地开发风电占全省风电比例98%，光伏占全省光伏比例87.0%。青海省水电主要开发地区位于海南州、黄南州和海东市，三个地区的水电装机占全省水电的85.0%。根据2003年全国水力资源复查成果，青海省理论蕴藏量在1万千瓦以上的河流干支流共计108条，总理论蕴藏量2187万千瓦。全省装机容量0.05万千瓦以上技术可开发的水电站共有241座（其中界河段12座），总装机2314万千瓦，年发电量913.4亿千瓦·时。

2022年从6月25日至7月29日，青海全省范围内开展了"绿电5周"系列活动。青海省在2017—2022年连续六年开展全清洁供电实践，其间全省用电量均来自水风光等清洁能源（"绿电"），实现全省用电零排放，刷新并保持着全清洁能源供电世界纪录，"风光天上来，绿电进万家，电送全中国"成为青海能源转型发展最真实的写照，为青海率先"碳达峰"进行着积极探索。

8.3.2 基地现状

8.3.2.1 风光资源

（1）风资源情况

青海省大部分地区的主导风向以偏西风为主。省内风能资源丰富区主要分布在柴达木盆地西北部、中部，青海湖南部，唐古拉山区及海西州的哈拉湖周边地区。根据中国气象局风能太阳能资源中心发布的《中国风能太阳能资源年景公报2019》指出，青海省70米高度年平均风功率密度≥150瓦/平方米区域面积占青海省总面积的 42.3%，青海省 70 米高度年平均风功率密度 ≥ 200 瓦 / 平方米的风能资源技术开发量约为 7533 万千瓦。

（2）太阳能资源情况

青海省地处中纬度地带，太阳辐射强度大，光照时间长，太阳能资源丰富，在全国仅次于西藏，年总辐射量可达 5800～7400 兆焦 / 平方米，其中直接辐射量占总辐射量的 60% 以上，太阳能可开发量超过 30 亿千瓦，相当于 134 个三峡电站，综合开发条件居全国首位。青海省太阳能资源空间分布特征是西北部多，东南部少。

8.3.2.2 电能送出通道

世界首条高比例清洁能源特高压输电大通道——±800 千伏青海 - 河南特高压直流输电工程（简称青豫直流工程），起于青海省海南州共和县，止于河南省驻马店市上蔡县，途经青海、甘肃、陕西、河南 4 省，全长 1563 千米，总投资 223 亿元，是世界首条专门为清洁能源外送建设的输电大通道，一头连着清洁能源资源丰富的西部，一头通向经济社会用电需求不断增长的中部。在设计运行状态下，每年可向华中地区输送清洁电能 400 亿千瓦·时。

青海省统筹跨区电力外送通道建设，全力推进与中东部地区的特高压输电规划建设，力争"十四五"后期建成投产第二条特高压外送通道，并规划后续外送通道建设，着力推动青海清洁能源与其他省区能源的融合发展。

8.3.3 规划布局

8.3.3.1 规划目标

《青海省"十四五"能源发展规划》明确提出 2025 年全面建成国家清洁能源示范省，国家清洁能源产业高地初具规模，在能源领域争取开展碳达峰试点示范。清洁能源消费比重提至 67% 以上，非化石能源消费比重提至 56% 以上，可再生能源占全省能源生产总量比重达 77.1%。全省可再生能源发电装机达 8594 万千瓦，发电量达 1798 亿千瓦·时。2035 年建成亿千瓦级"柴达木清洁能源生态走廊"、亿千瓦级黄河上游 100% 绿色能源发展新样板、千亿级光伏光热产业集群、千亿级锂电产业基地。

同时规划黄河上游青海段流域水风光一体化基地总规模 13326 万千瓦：新增常规水电 720 万千瓦，新增水电扩机 416 万千瓦；新增光伏发电装机容量 8700 万千瓦，新增风电装机容量 1100 万千瓦；新增抽水蓄能电站装机容量 2390 万千瓦。规划到 2035 年基地基本建成，新增年发电量 1900 亿千瓦·时，基地可再生能源年发电量折合约 5740 万吨标准煤，相当于减少二氧化碳排放量约 3.4 亿吨。

《抽水蓄能发展中长期规划（2021—2035年）》提出，在青海省黄河流域内，实施12个重点项目和1个储备项目，总装机容量2640万千瓦。此外，规划选取羊曲抽蓄1和羊曲抽蓄3站点，装机容量280万千瓦。

8.3.3.2 规划方案

集约化开发新能源，打造国家级新能源基地。优化水电站开发模式，深挖黄河上游水电调节潜力。积极促进电力消纳，打造新型电力系统。积极发展优质调峰电源，加快推动黄河上游梯级储能电站建设。

积极打造国家级光伏发电和风电基地。积极推进光伏发电和风电基地化、规模化开发，形成以海南千万千瓦级多能互补100%清洁能源基地、海西千万千瓦级"柴达木光伏走廊"清洁能源基地为依托，辐射海北、黄南州的新能源开发格局。创新技术发展模式，示范推进光伏与水电、光热、天然气一体化友好型融合电站，实现可再生能源基地的安全稳定运行。力争到2025年，海西、海南州新能源发电装机容量分别超过3000万千瓦和2500万千瓦。

有序推进黄河水电基地绿色开发。科学有序推进黄河上游水能资源保护性开发，积极推进规划内大中型水电站有序建设，后续水电站前期研究论证工作。加快拉西瓦和李家峡扩机、羊曲、玛尔挡水电站建成投产。加快推进茨哈峡、尔多、宁木特等水电站前期论证工作，力争茨哈峡水电站开工建设，开展龙羊峡、玛尔挡等大型水电站的扩容研究。

推进外送通道和省际电网互联规划建设。加快推进第二条特高压外送通道论证研究。开展青电送南方电网的有关研究工作。建成投运郭隆—武胜第三回750千伏线路，提升青海与西北主网通道输电能力。加快省内骨干电网建设，建成鱼卡—托素750千伏输变电等工程，启动750千伏香加变改扩建、丁字口750千伏输变电等工程前期。优化完善330千伏电网，建成托素330千伏送出等工程，满足清洁能源送出需求。

积极推动抽水蓄能电站建设。开工建设贵南哇让、格尔木南山口抽水蓄能电站，推动玛尔挡（同德、玛沁）抽水蓄能电站前期工作，力争开工建设，加快龙羊峡抽水蓄能电站研究论证工作，实现电力系统中长周期储能调节。开展太阳能热发电参与系统调峰的联调运行示范，提高电力系统安全稳定水平，力争光热装机达121万千瓦。挖掘黄河上游梯级大型水库电站储能潜力，推动常规水电、可逆式机组、储能工厂协同开发模式，提高电力系统长周期储能调节能力。加快开展黄河梯级电站大型储能项目研究，推动玛尔挡、茨哈峡等可逆式机组梯级电站储能项目前期工作，积极推进龙羊峡—拉西瓦等储能工厂建设，形成水能循环利用的梯级储能电站。

规划建设的 6 个水风光一体化项目群具体情况如下。

1）宁尔羊水风光一体化项目群总装机容量 2480 万千瓦，其中常规水电 300 万千瓦，水电扩机 100 万千瓦，抽水蓄能电站 480 万千瓦，光伏发电 1250 万千瓦，风电 350 万千瓦。

2）玛尔挡水风光一体化项目群总装机容量 2580 万千瓦，其中水电扩机 110 万千瓦，抽水蓄能电站 420 万千瓦，光伏发电 1800 万千瓦，风电 250 万千瓦。调节电源包括玛尔挡水电站扩机工程和同德、玛沁蓄能电站。以调节电源为依托，在海南州贵德县、贵南县、同德县，黄南州泽库县、海南县、尖扎县，以及果洛州玛沁县共配置 8 个光伏电站和 6 个风电场。

3）茨哈峡水风光一体化项目群总装机容量 3420 万千瓦，其中常规水电 420 万千瓦，抽水蓄能电站 600 万千瓦，光伏发电 2200 万千瓦，风电 200 万千瓦。调节电源包括茨哈峡水电站和茨哈峡抽水蓄能电站。以调节电源为依托，在果洛州玛多县，海南州兴海县、同德县，共配置 3 个光伏电站和 2 个风电场。

4）龙羊峡水风光一体化项目群总装机容量 2620 万千瓦，其中水电扩机 120 万千瓦，抽水蓄能电站 400 万千瓦，光伏发电 1800 万千瓦，风电 300 万千瓦。调节电源包括龙羊峡水电常规机组扩机和扩建可逆机组，以调节电源为依托，在海南州共和县、贵南县、兴海县，共配置 3 个光伏电站和 6 个风电场。计划截至 2035 年年底，一体化项目全部投产运行。

5）拉西瓦水风光一体化项目群总装机容量 1760 万千瓦，其中水电扩机 70 万千瓦，抽水蓄能电站 390 万千瓦，光伏发电 1300 万千瓦。调节电源包括拉西瓦水电扩机工程和共和蓄能电站。以调节电源为依托，在海南州贵南县和黄南州泽库县共配置 3 个光伏电站。

6）尼那水风光一体化项目群总装机容量 466 万千瓦，其中水电扩机 16 万千瓦，抽水蓄能电站 100 万千瓦，光伏发电 350 万千瓦。调节电源包括尼那水电扩机工程和贵德蓄能电站。以调节电源为依托，在海南州贵南县和贵德县共配置 2 个光伏电站。

8.3.4 龙羊峡水光互补

8.3.4.1 基本情况

龙羊峡水光互补项目位于青海清洁能源基地中，由位于青海省共和县和贵南县交界处的龙羊峡水电厂及位于龙羊峡水库左岸的恰龙光伏电站组成。龙羊峡水电厂，是黄河龙—青段梯级开发规划中的"龙头"电站，包含 4 台单机容量为 32 万千瓦的水轮发电机组，总装机容量为 128 万千瓦，总库容为 247 亿立方米，具有良好的多年调节性能,恰龙光伏电站的装机容量为85万千瓦,龙羊峡水光互补项目合计装机规模为213万千瓦。

恰龙光伏电站年利用1508小时左右,龙羊峡水电厂年利用4642小时左右,水光互补后利用现有的龙羊峡水电站送出线路送出,可提高线路送出效率,节省光伏电站送出的投资,水光互补后送出条件优越。

8.3.4.2 互补效益

龙羊峡水光多能互补项目的工程效益显著,主要体现在以下四个方面:

1)提高了光伏电站利用小时,节能减排效果显著。2022年,龙羊峡水光互补光伏电站累计发电量117.03亿千瓦·时,完成设计值的107%。经统计2022年,龙羊峡水光互补利用小时数达1624小时,高于设计值5.94%。相当于累计节约标准煤约55万吨,减少二氧化碳排放约137万吨、二氧化硫排放约4.14万吨、氮氧化物排放约2.07万吨。水光互补项目实际利用小时数比该区域常规光伏电站高95小时。

2)提高了龙羊峡水电站设备及出线设备利用率。水光互补电站节省光伏电站送出工程投资,使龙羊峡水电站GIS设备及送出线路年利用小时可由原来设计的4621小时提高到5078小时,提高了10%。

3)开拓了清洁能源发展新模式,为流域、梯级、水电集群与大规模光伏项目共同开发建设起到较好的示范意义。

8.4 雅砻江水风光多能互补规划

8.4.1 基地背景

雅砻江发源于巴颜喀拉山南麓,干流从呷依寺至江口河道长1368千米,天然落差3180米,年径流量609亿立方米,干流技术可开发容量约3000万千瓦,技术可开发年发电量约1500亿千瓦·时,占四川全省的24%,约占全国的5%,在我国十三大水电基地中装机规模排名第三,流域水能资源高度集中,大型电站多,装机容量大,规模优势突出,梯级补偿效益显著,是全国最优质的水电能源基地。

雅砻江干流共规划22级开发,总装机容量2890万千瓦。雅砻江上游(呷依寺至两河口)河段规划10级开发,总装机容量228万千瓦。其中木能达水电站为雅砻江干流上游调节性水库电站,规划装机容量22万千瓦,调节库容13.7亿立方米,具备年调节性能。雅砻江中游(两河口至卡拉)河段规划7级开发,总装机容量1192万千瓦。其中两河口水电站为雅砻江中游控制性水库电站,装机容量

300万千瓦，调节库容65.6亿立方米，具有多年调节性能，对下游梯级有较大补偿效益。雅砻江下游（卡拉至江口）河段规划5级开发，总装机容量1470万千瓦。其中锦屏一级、二滩水电站均具有较好调节性能，调节库容分别为49.1亿立方米、33.7亿立方米，联合运行可实现下游河段梯级完全年调节。两河口、锦屏一级、二滩为代表的三大控制性水库总库容达243亿立方米，调节库容达148亿立方米，联合运行可使雅砻江中下游梯级电站达到多年调节特性，并可使雅砻江干流水电站群平枯期电量大于丰水期电量，是全国技术经济指标最为优越的梯级水电站群之一。

8.4.2 基地现状

8.4.2.1 风光资源

雅砻江流域不仅水能资源丰富，开发基础好，同时风光资源亦十分丰富，且水风光在空间上较为契合，具备开展可再生能源一体化的天然优势。雅砻江流域地处川西高原风电、光伏资源最富集区域，风能资源等级多为2级，流域大部分地区太阳能年总辐射量在5500兆焦/平方米以上，属于全国太阳能资源二类和三类地区，流域光伏发电技术可开发量为1.2亿千瓦，具备较大开发价值。从地区分布看，太阳能资源主要集中在甘孜州、凉山州和攀枝花市。从流域分布看，太阳能资源主要集中在两河口水电站上游，技术可开发量占全流域的90%以上。流域风能资源主要位于河谷区域和海拔2500米以上的高海拔山区，平均风速大多在6米/秒以上，风功率密度等级多为2级，具备较大开发价值。排除风速低、风功率密度低、地形地质条件、海拔过高、土地类型、压覆矿产、环保等因素后，流域风能资源技术可开发量为1905万千瓦。从地区分布看，风能资源主要集中在四川省凉山州、甘孜州和攀枝花市。从流域分布来看，风能资源主要集中在雅砻江下游河段两岸山区，技术可开发量占全流域的80%以上。

8.4.2.2 电能送出通道

雅砻江流域下游梯级投运多年，具有多条省内500千伏配套线路通道，周边已建成的锦苏直流、雅中直流具备外送1500万千瓦雅砻江中游梯级水电及风光新能源电力的能力。

雅砻江流域规划建设的川渝特高压交流工程，将主要汇集雅砻江中上游清洁能源。通过将风光新能源接入流域已建电站开关站，与水电打捆送出，既可以在不增加投资的情况下提高送出线路的利用效率，又可以统一接入和送出消纳，实现跨区灵活调配和资源优化配置，为新能源的大规模集中消纳创造优越条件，有效提高新能源消纳率。

8.4.3 规划布局

8.4.3.1 规划目标

规划雅砻江流域水风光一体化基地总规模 8655 万千瓦，其中已在建水电 2262 万千瓦，新增光伏发电装机容量 4382 万千瓦，新增风电装机容量 358 万千瓦，新增抽水蓄能电站装机容量 1075 万千瓦。

规划到 2035 年基地基本建成，年发电量约 2050 亿千瓦·时，新增年发电量 950 亿千瓦·时，基地可再生能源年发电量折合约 6160 万吨标准煤，相当于减少二氧化碳排放量约 1.6 亿吨。

雅砻江流域山高谷深、水系发达、支流众多，抽水蓄能站点资源比较丰富。综合考虑流域地形地质条件、水源条件、建设征地、环境保护等因素，结合工程建设条件、流域内新能源资源分布特点，筛选出 14 个抽水蓄能比选站点，总装机容量 1865 万千瓦，主要分布在两河口水电站及以上区域。其中道孚抽蓄、两河口混合式抽蓄、甘孜抽蓄已纳入《抽水蓄能发展中长期规划（2021—2035年）》重点实施项目，总装机容量 435 万千瓦。21 世纪中叶以前，新能源及抽水蓄能装机达到 5000 万千瓦以上，雅砻江流域水风光互补绿色清洁可再生能源示范基地全部建成。

8.4.3.2 规划方案

根据雅砻江流域水电、风光和抽水蓄能资源分布特点，以及电网网架和通道布局及建设情况，分河段配置。风光就近接入调节水电，充分利用已建调节水电互补，由于水电自身调节能力或因综合利用、生态要求、梯级电站影响等原因水电互补风光能力不足时，结合调节电源建设条件，比较选用合适的混蓄、纯抽蓄和扩机的调节电源方案。

（1）雅砻江上游（温波—格尼）

近期水电少、风光资源丰富、抽蓄资源丰富、远期有网架规划，采用"风光蓄"模式，供省内消纳，推荐"抽蓄 580 万 + 光伏 1567 万"方案。

（2）雅砻江上游（木罗—甲西）

近期水电少、风光资源少、有抽蓄资源、远期有网架规划，"水风光"和"风光蓄"模式比选，供省内消纳，推荐"抽蓄 80 万 + 风光 210 万"方案。

（3）雅砻江中游（两河口—牙根二级）

风光资源很丰富、水电资源较丰富、抽蓄资源多、近期网架布局明确，"水风光蓄"模式，省内消纳为主，推荐"水电 300 万 + 抽蓄 480 万 + 风光 1800 万"方案。

（4）雅砻江中游（楞古—卡拉）

水电资源丰富、风光资源一般、无重点抽蓄、近期网架布局明确，"水风光"模式，通过水电送出通道送出，推荐"水电252万+风光197万"方案，利用存量水电配置。

（5）雅砻江下游（锦屏一级—桐子林）

已建水电规模大、风光资源少、无重点抽蓄、网架送出成熟，"水风光"模式，省内消纳为主，参与外送，推荐"水电930万+风光357万"方案，利用存量水电配置。

最终的预期效果是，雅砻江全流域一体化配置总装机容量规模6753.1万千瓦，其中水电1482万千瓦，抽水蓄能电站1140万千瓦，新能源4131.1万千瓦（含光伏3871万千瓦，风电260.1万千瓦）。接入水电新能源合计974.1万千瓦，接入抽蓄新能源合计3157万千瓦。

利用水电优异的调节性能平抑风电、光伏出力变化，通过水电站配套的线路送出消纳，可以提升电网对风电、光伏的接纳能力，提高输出稳定性，提高送出通道利用率，促进大规模新能源送出消纳，控制弃风光率在5%以内，新能源利用率超95%。

8.5 金沙江下游水风光多能互补规划

8.5.1 基地背景

金沙江是我国最大的水电基地，是"西电东送"主力。全长3479千米的金沙江，天然落差达5100米，占长江干流总落差的95%，水能资源蕴藏量达1.124亿千瓦，技术可开发水能资源达8891万千瓦，年发电量5041亿千瓦·时，富集程度居世界之最。金沙江分为上、中、下游三个河段。金沙江在云南石鼓以上称金沙江上游，石鼓至四川攀枝花为金沙江中游，攀枝花以下至宜宾为金沙江下游。下游段，长约768千米，落差719米，金沙江下游水电基地是国家重点规划的十三大水电基地之一。经国家授权，由三峡集团投资开发的乌东德、白鹤滩、溪洛渡和向家坝4座世界级巨型梯级水电站总装机规模约4646万千瓦，年发电量约1940亿千瓦·时，总库容461亿立方米。溪洛渡、向家坝、乌东德水电站全部机组已投产发电，白鹤滩水电站首批机组已于2021年7月投产，计划2022年全部机组投产。

白鹤滩、乌东德、溪洛渡、向家坝水库调节库容分别为30.2亿立方米、104.4亿立方米、64.6亿立方米和10.9亿立方米。利用水电优异的调节性能平抑风能、光能出力变化特性，提高电网对风能、光能的接纳能力，通过水电站配套的外送线路送出消纳，是破解清洁能源高质量发展的关键，是推动清洁能源大规模集中开发的重大创新。金沙江下游可再生能源多能互补基地建设符合国家能源发展战略，有利于资源节约型社会的建设，实现资源优势组合和有效利用，并将极大促进我国西部地区经济社会的发展，对于优化我国的能源结构，保障我国的能源安全具有重大意义，符合国家能源发展战略。

8.5.2 基地现状

8.5.2.1 风光资源

金沙江下游流域风、光、水资源丰富，风电及光伏年内出力变化呈冬春季大、夏秋季小的特点，出力特性在季节上具有天然互补优势。金沙江下游流域四川侧大部分区域年总辐射量在3780兆焦/平方米以上，云南侧大部分区域年总辐射量在5000兆焦/平方米以上。从地区分布看，太阳能资源主要集中在四川省凉山州的昭觉县、金阳县、美姑县等10个县，以及云南省楚雄州元谋县、永仁县。从流域分布看，太阳能资源主要集中在溪洛渡水电站以上。风能资源主要分布在四川侧攀枝花市和凉山州，大部分区域80米高度平均风速可达6米/秒以上，风能资源条件较好。根据前期研究，金沙江下基地可开发新能源装机达2048万千瓦，其中风电装机768万千瓦，光伏装机1280万千瓦。金沙江下基地（四川侧）初步确定46个风电场址、33个光伏场址，总规划规模1295万千瓦，年总发电量约214亿千瓦·时。金沙江下基地（云南侧）初步确定41个风电场址、62个光伏场址，总规划规模753万千瓦，年总发电量约132亿千瓦·时。

8.5.2.2 电能送出通道

金沙江下游4座梯级水电站，主要利用已建的复奉、宾金、牛从、昆柳龙、建苏等特高压直流，将电力电量外送华东、华南地区消纳，并在枯水期兼顾川滇两省用电需求。

已建成的直流外送容量包括向家坝—上海直流640万千瓦和宜宾—浙江直流800万千瓦。溪洛渡配套直流已全部投产，溪洛渡水电站左岸外送通过±800千伏特高压直流溪浙线送电华东，输电容量800万千瓦。溪洛渡水电站右岸外送通过±500千伏双回直流送电广东，输电容量640万千瓦。乌东德电站送广东广西特高压多端直流示范工程（简称"昆柳龙直流工程"），2020年阶段性投产，输送容量800万千瓦。云贵互联三端直流输电工程，2020年6月投产，输送容量300万千瓦。白鹤滩直流输电工程规划2022年丰水期前投产，当年丰水期考虑送电600万千瓦，2023年丰水期送电1600万千瓦。

8.5.3 规划布局

8.5.3.1 规划目标

2021年3月,《中华人民共和国国民经济和社会发展第十四个五年规划和2035年远景目标纲要》中指出金沙江下游水风光一体化可再生能源综合开发基地（以下简称"金下基地"）为我国9个大型清洁能源基地之一。

根据电力电量平衡计算结果，"十四五"期间及以后，大水电送端电网（川滇）和受端电网（江浙沪粤）均具备消纳金下基地新能源电力电量的基础条件。

（1）送端电网

1）四川电网。截至2021年12月，四川电网总装机达1.1亿千瓦，其中：水电装机8887万千瓦，占比77.7%；风电、太阳能装机共723万千瓦，占比6.3%。2021年，四川全口径发电量4519亿千瓦·时（水电发电量3724亿千瓦·时），全社会用电量3274亿千瓦·时。由于"以水为主"的结构特点和水电"夏丰冬枯"季节特性，在现有的调蓄能力下，四川电网总体呈"丰盈枯缺"的电力供需局面，在丰水期（6月至10月），需要通过"六直八交"电力通道将大量富余水电进行外送。"十四五"期间，随着三大流域后续水电开发，四川水电外送规模将进一步扩大，叠加自身负荷增长，四川电网将逐步转变为"丰枯均缺"的局面。2023—2025年，四川省丰期、枯期最大电力缺额分别为720万～1180万千瓦、370万～500万千瓦。

2）云南电网。截至2021年12月，云南电网总装机超1亿千瓦，其中：水电装机7820万千瓦，占比73.6%；风电、太阳能装机共1278万千瓦，占比12%。2021年，云南省全社会用电量2138亿千瓦·时，同比增长5.6%。云南电网通过9个直流通道与南方电网主网异步联网运行。与四川电网类似，因水电出力特性与负荷特性的不匹配，云南电网也存在"丰盈枯缺"的结构性问题。"十四五"期间，随着西电东送规模进一步扩大，叠加自身负荷的增长，云南电网供需形势将发生变化，逐步转为紧平衡的态势，2023—2025年大形势下仍存在电力缺口，2025年电力缺口达510万千瓦。

（2）受端电网

金沙江下基地大水电主送上海、江苏、浙江、广东等地，在"长江经济带""长三角一体化""粤港澳大湾区"等国家战略的持续引领下，江浙沪粤地区电力需求预计仍将保持较快增长态势，"十四五"及中长期均存在较大的电力缺口。2023—2025年，江苏、浙江、广东最大电力缺额分别为300万～500万千瓦、200万～1100万千瓦、200万～1300万千瓦。

按照不降低受端省市调峰能力和不增加电网弃电率为原则，接入金下基地梯级水电站的新能源分别接入乌东德右岸、白鹤滩左岸、溪洛渡左岸。其余新能源装机就地接入当地电网。新能源各厂站以低电压等级汇流后，整体升压至220千伏，再统一接入500千伏汇集站，最终通过500千伏电压等级接入水电站500千伏母线后外送。

金沙江下游流域内，四川侧规划16座抽水蓄能电站，装机规模1920万千瓦；云南侧规划17座抽水蓄能电站，装机规模1910万千瓦。33座抽蓄电站均纳入《抽水蓄能发展中长期规划（2021—2035年）》，总装机规模3830万千瓦。

8.5.3.2 规划方案

水风光一体化统筹开发，可将金下基地新能源就近集中接入大水电，并借助大水电配套直流通道实现水风光打捆外送，满足江浙沪粤等经济发达地区对绿色电力的需求，改善受端地区电力结构。据统计，宾金、牛从、复奉直流通道年均利用小时数在4200～5000小时，具有叠加新能源外送的潜力，尤其在枯期，通道可利用容量较高。据分析，通过合理配置新能源进行水风光打捆外送，直流通道利用小时数可有效提升15%左右。规划金沙江下游可再生能源一体化综合基地总规模5529万千瓦，其中已建水电4480万千瓦，新增接入水电新能源规模总计1049万千瓦，其中，光伏711万千瓦，风电338万千瓦。

乌东德水风光一体化项目群调节电源1020万千瓦，在东川区、寻甸县、会泽县、禄劝县、武定县共配置22个光伏电站和13个风电场，装机容量分别为135万千瓦和111万千瓦。白鹤滩水风光一体化项目群调节电源1600万千瓦，在宁南、普格、布拖和昭觉4县配置12个光伏电站和13个风电场，装机容量分别为308万千瓦和141万千瓦。溪洛渡水电站水风光一体化项目群调节电源1260万千瓦，在金阳、美姑、雷波和昭觉4县配置9个光伏电站和11个风电场，装机容量分别为268万千瓦和86万千瓦。调节电源及输电通道已投产运行，新增电量可依托现有输电通道实现电量的消纳和外送，无须新建输电通道。

8.6 澜沧江水风光多能互补规划

8.6.1 基地背景

澜沧江发源于青藏高原唐古拉山青海省杂多县，源头段称为扎曲，扎曲自青海流入西藏，与昂曲于昌都汇合后称澜沧江。澜沧江流经西藏自治区、云南省，与支流南腊河汇合后流出国境，流出国境后称湄公河。湄公河流经老挝、缅甸、泰国、柬埔寨、越南，最后于越南胡志明市注入南海。澜沧江–湄公河是东南亚最大的国际河流。

澜沧江流域自然地理条件差异大，可分为3个地域。上游区位于青藏高原东南部，除险峻高大的雪峰外，地形起伏较和缓，具有浅谷特征，地势自西北向东南倾斜，平均海拔高4510米。中游区位于横断山纵谷区，两岸山岭受河流强烈切割成深谷，山脉间诸河平行南下，流域窄处平均宽度约30千米，地势呈南北略偏东方向倾斜，平均海拔高2520米。下游区纵贯云贵高原西部，地势自北向南逐渐降低，平均海拔高1540米。澜沧江径流以降雨补给为主，融雪补给为辅。径流年内分配不均，枯、汛期明显。

澜沧江水系呈羽毛状，大支流较少，干流源远流长，流域内植被良好。澜沧江干流在我国境内全长2153千米，流域面积17.4万平方千米，天然落差4583米；从昌都扎曲与昂曲汇合口至西藏自治区、云南省界河下游，河段河道长379千米，落差约1080米，平均比降2.85‰，基本为峡谷河段。流入云南省境内后，澜沧江在云南省境内全长1248千米，流域面积9.1万平方千米，天然落差1780米，平均比降1.44‰。澜沧江水能资源丰富，开发条件较好，是我国正在开发的13个大型水电基地之一。根据流域梯级电站开发进度，澜沧江上游西藏段水电规划，包括干流曲孜卡及以上河段水电规划，梯级方案自上而下分别规划八级电站，规划总装机容量621.9万千瓦。云南省境内澜沧江上游河段采用"一库七级"开发方案，规划总装机容量883万千瓦。云南省境内澜沧江中下游河段采用"两库八级"开发方案，规划总装机容量1646万千瓦。云南省境内澜沧江流域拥有已建成的小湾、糯扎渡两座具有年调节以上性能的大水库，梯级水电站水库的调节能力为云南全省最强。

8.6.2 基地现状

8.6.2.1 风光资源

（1）风资源情况

澜沧江流域西藏段风资源较好的区域主要分布在澜沧江右岸和其他海拔较高的山脊处，澜沧江右岸风资源好的地区呈西北—东南带状分布。

云南省风能资源丰富，具有东多西少的分布特征，在东部、北部以及许多山区，冬春季有稳定的强风，大风日数多，且午后风向稳定，可利用时间较长。风能资源在年内具有旱季大、雨季小的特点，与水电的出力形成了良好的季节性互补。全省风能资源总储量为12291万千瓦，全省10米高年平均风功率密度大于50瓦/平方米的风能资源可开发区面积约4.52万平方千米，占全省面积的11.5%。澜沧江流域风电场类型基本为山地风电场，其中北部海拔较高，中南部区域海拔相对较低。其中澜沧江中下游风能资源开发潜力约598.8万千瓦，主要分布在保山、临沧、普洱等地州。

（2）太阳能资源情况

西藏是我国太阳能资源最丰富的省区，澜沧江上游流域年辐射量在6500兆焦/平方米左右，年日照时数在2200小时左右，整个澜沧江流域总辐射量相对平均。澜沧江西藏昌都区域多年平均年总辐射及逐月辐射情况如图8.6、图8.7所示。

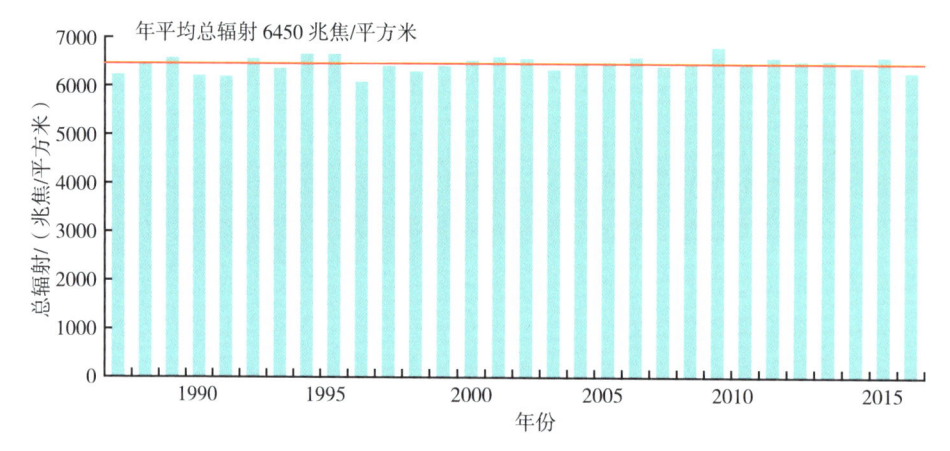

图8.6 澜沧江西藏昌都区域近30年年总辐射

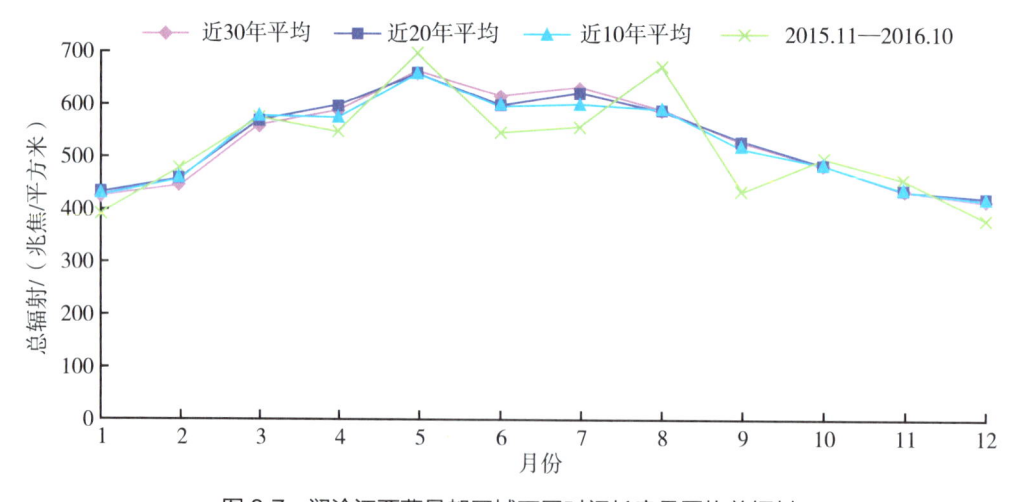

图8.7 澜沧江西藏昌都区域不同时间长度月平均总辐射

云南地处低纬度高原，海拔高度大多在1000米以上，大气透明度好，旱季晴朗少云，空气十分干燥，日照时数多。雨季多以过程性降水为主，长时间连绵阴雨少，夜雨多，全省大部分地区到达地面的太阳辐射强度大。全省太阳辐射总的分布趋势是南多北少，但北部河谷地区干旱少雨，日照充足，为全省太阳总辐射量最多的地区。

8.6.2.2 电能送出通道

澜沧江流域规划以及建有多条直流及交流送出线路,且有部分预留,送出条件经济可靠。澜沧江上游西藏段清洁能源基地采取水电+光伏互补的开发模式。规划总装机容量2000万千瓦,外送输电容量1000万千瓦。水光互补年上网电量571亿千瓦·时,输电通道利用小时数达5710小时。输电工程采用±800千伏特高压直流输电线路,送电容量1000万千瓦。澜沧江中下游"风光水储"多能互补基地规划建设新能源项目79个,总装机506.7万千瓦。根据各电站及周边新能源分布和接入情况,整个水、风、光多能互补基地并网方案采用由远及近、由低压到高压逐级汇集的原则设计,对新能源汇集接入水电站的升压站考虑设置三联变的主变压器,低压侧引出供当地消纳,富余部分送出。利用干流水电的调节能力,实现云南电力系统对新能源消纳、清洁可再生能源的规模化开发和高效利用。

8.6.3 规划布局

8.6.3.1 规划目标

华能澜沧江水电股份有限公司负责澜沧江全流域的水电开发工作,在"双碳"目标指引下,西藏自治区人民政府高度重视清洁能源开发利用,云南省贯彻打造世界一流"绿色能源牌",华能澜沧江股份有限公司设立了"十四五"新能源投产1000万千瓦的发展目标。

严格按照国家、省级有关基地开发的政策要求,华能澜沧江股份有限公司主动融入能源发展大局,制定流域水风光(储)一体化基地规划目标,以现有的水电为依托,锚定现代化绿色清洁能源发展方向,规划并加快建设澜沧江水风光(储)一体化基地,立足于澜沧江流域水电、风光资源、储能实际情况与中长期规划,在分析澜沧江流域水风光(储)发电特征及互补方式的基础上,实现清洁能源基地开发与未来的科学运行,分别规划了澜沧江西藏段和云南段水风光(储)一体化基地建设。计划到"十六五"初,以建成投产世界第一高坝的如美电站为标志,全面建成流域水风光(储)一体化清洁能源基地,总装机突破8000万千瓦,其中新能源装机达4000万千瓦,超过水电装机。

澜沧江上游西藏段清洁能源基地采取水电+光伏互补的开发模式。科学合理安排水电、光伏开发时序,加快推进项目前期工作,严格控制建设成本,同步规划建成水电、新能源和输电工程。"十四五"核准并开工建设如美、古水、古学、班达项目,启动邦多项目筹建。根据受电端电力需求分析,粤港澳大湾区2030—2035年电力缺口较大。为切合受电端电力需求,清洁能源基地应在2030年开始对外送电。

澜沧江云南段水风光一体化可再生能源综合开发基地"十四五"重点建设距离干流60千米以内、具有较好的送出经济性的风电、光伏项目，通过示范项目建设，积累多能互补基地规划建设、调度运行经验。后期在流域"风光水储"多能互补基地示范的基础上，统筹开发建设和市场供需变化，逐步扩大流域风光开发规模，继续推动"风光水储"多能互补基地规模化开发和高效利用。

8.6.3.2 规划方案

（1）西藏澜沧江清洁能源基地建设

澜沧江上游西藏段清洁能源基地规划总装机容量2000万千瓦，其中水电1000万千瓦、光伏1000万千瓦，外送输电容量1000万千瓦。水光互补年上网电量571亿千瓦·时，其中水电404亿千瓦·时、光伏167亿千瓦·时，输电通道利用小时数达到5710小时。

目前规划的清洁能源基地水电电源包括班达、如美、邦多、古学、曲孜卡、古水6座梯级水电站。选取的光伏电源点主要分布在芒康、察雅、八宿、贡觉、左贡5个县。同时考虑清洁能源基地涉及区域年平均风速相对西藏其他地区而言风速较低，风功率密度低，暂不考虑开发。

（2）澜沧江云南段水风光一体化可再生能源综合开发基地建设

澜沧江云南段清洁能源基地建设主要集中在中下游河段，上游目前仅有根据《云南省能源安全保障工作三年行动计划（2022—2024年）》（征求意见稿）制定的澜沧江金沙江上游"风光水储"基地共200万千瓦，预计2023年投产90万千瓦，2024年投产60万千瓦。澜沧江中下游"风光水储"多能互补基地规划建设新能源项目79个，总装机506.7万千瓦，涉及大理州、保山市、临沧市、普洱市、西双版纳州，根据各电站及周边新能源分布和接入情况，划分为4个项目群，分别为功果桥电站项目群、小湾电站项目群、漫湾电站项目群、糯扎渡电站项目群。

8.7 格尔木风光储多能互补规划

8.7.1 基地背景

格尔木乌图美仁新能源基地距离格尔木市区163千米，分东、西两个片区，规划面积1177.26平方千米，规划装机3475万千瓦（不含储能）。西区规划面积331.86平方千米，规划装机775万千瓦（不含储能）。东区规划面积845.4平方千米，规划装机2700万千瓦（不含储能）。基地规划建设配套交通道路50.42千米、750千伏汇集站4座、110千伏升压站20余座及集电线路等基础设施，乌图美仁新能源基地规划已取得青海省能源局批复。目前，乌图美仁新能源基地已建成青豫直流一期、2020年竞价光伏、平价光伏等项目。开工建设2021年海西大基地、市场化、青豫直流二期等项目。基地按照统一规划、基础设施统一建设、分期组织实施原则，着力打造国内一流新能源基地，对推进青海省国家清洁能源示范省建设具有重要意义。

青海格尔木南山口抽水蓄能电站是国家《抽水蓄能中长期发展规划（2021—2035年）》中青海省抽水蓄能电站"十四五"重点实施项目。南山口抽水蓄能电站工程位于青海省海西蒙古族藏族自治州格尔木市境内，距省会西宁市很近，距格尔木市中心直线距离约35千米，距离海西可再生能源基地直线距离约40千米。电站装机容量240万千瓦（8×30万千瓦），调节库容1603.6万立方米，工程开发任务为承担电力系统储能、调峰、填谷任务，发挥调频、调相和备用等作用。

8.7.2 基地现状

8.7.2.1 风光资源

格尔木太阳能资源丰富，是全国光照资源最丰富的地区之一，年日照时数在3200～3600小时，年总辐射量可达6800～7200兆焦/平方米，为全国第二高值区，风电场70米高度平均风速可达到6～7.1米/秒，平均风功率密度206.6～321.7瓦/平方米。

8.7.2.2 电能送出通道

乌图美仁新能源基地已建成青豫直流一期，开工建设青豫直流二期项目。实施湟乌格330千伏双回、西宁全格尔木750千伏交流工程、青藏交直流联网工程、格尔木—新疆750千伏联网工程、柴达木换流变电站改扩建等电网骨干工程，格尔木境内形成了750千伏、330千伏、110千伏的输电网架，区域电力枢纽基本形成，电力供应的质量和可靠性稳步提升。

8.7.3 规划布局

8.7.3.1 规划目标

规划格尔木乌图美仁一体化基地总规模2480万千瓦，新增抽水蓄能580万千瓦，新增光伏发电装机容量1600万千瓦，新增风电装机容量300万千瓦。规划到2030年基地基本建成，新增年发电量353亿千瓦·时，基地可再生能源年发电量折合约1060万吨标准煤，相当于减少二氧化碳排放量约3000万吨。

8.7.3.2 规划方案

格尔木乌图美仁一体化基地抽水蓄能电站包括南山口、那棱格勒、拉陵灶火、格尔木南沟抽水蓄能。综合考虑区域风能资源、基地汇集系统便利性，规划风电项目选址于乌图美仁乡甘森地区以及茫崖市冷湖镇牛东地区，土地性质主要为天然牧草地，区域有省道S303和S305经过，交通较为便利。场址区100米高度年平均风速在6.0~7.1米/秒，规划风电装机容量300万千瓦，共2个场址，距离同基地规划光伏场址约45~150千米。

综合考虑风光电规划布局，汇集系统便利性，本基地规划光伏项目选址于格尔木市甘森地区，土地性质主要为天然牧草地，南侧有省道S303经过，交通便利。太阳总辐射量约6900兆焦/平方米，规划光伏装机容量1600万千瓦，距离同基地规划风电场约45~150千米，基地单位电能投资2.67元/千瓦·时。

8.8 四川阿坝小金川流域梯级水光蓄多能互补案例

8.8.1 基地背景

依托国家重点研发计划"分布式光伏与梯级小水电互补联合发电技术研究及应用示范"项目，国网四川省电力公司牵头在四川阿坝州小金县建成国际首例梯级水光蓄互补联合发电系统，有效解决了光伏精细化预测、多目标多场景下梯级水光蓄互补电站实时调节与优化控制等技术难题，并在关键技术上实现了全国产化和自主可控。

8.8.2 基地现状

四川阿坝小金川流域梯级水光蓄多能互补联合发电技术研究及应用示范项目是国网四川省电力公司牵头在四川阿坝州小金县建成国际首例梯级水光蓄互补联合发电系统。项目包括引水式水电站3座，分别是木坡（装机容量4.5万千瓦）、杨家湾（装机容量6万千瓦）、猛固桥（装机容量3.9万千瓦）。坝式水电站1座，春厂坝（装机容量5.4万千瓦），春厂坝水电站还有一台5万千瓦全功率变速抽蓄机组和美兴光伏（装机容量5万千瓦），装机容量一共25.3万千瓦，水电站及光伏电站均接入小金220千伏变电站送出，流域电站分布如图8.8所示。

该多能互补系统中木坡、杨家湾（赞拉）和春厂坝共15.9万千瓦装机水电参与流域多能互补联合发电。以2021年全国光伏发电利用率98%为例，梯级水光蓄互补电站联合运行控制与智能调度系统可直接减少小金川河流域光伏电站等效弃光电量2%以上。

梯级水光蓄互补电站联合运行控制与智能调度系统，通过水光蓄互补电站的

第8章 水风光多能互补典型案例

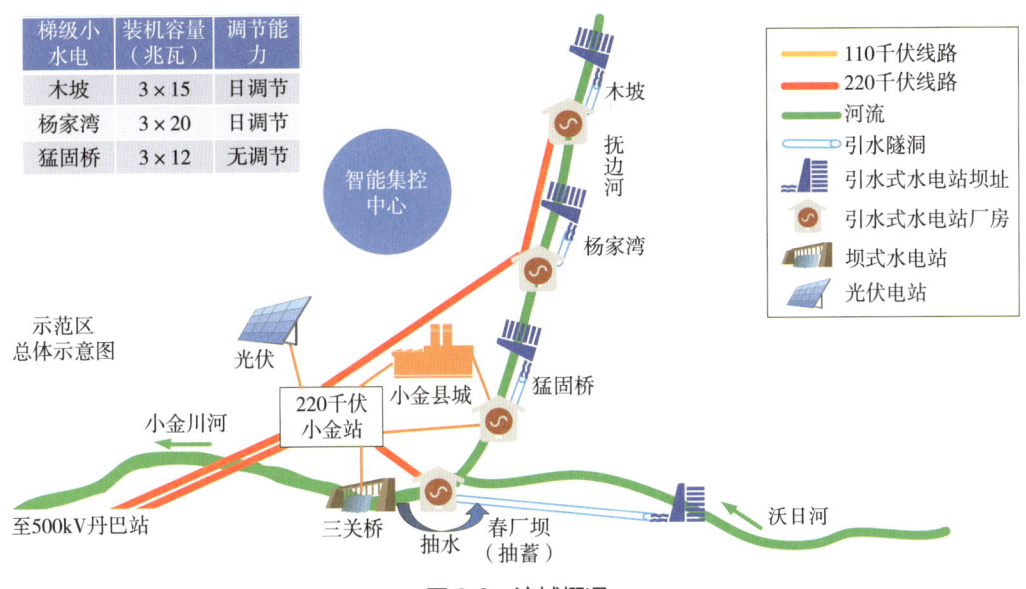

梯级小水电	装机容量（兆瓦）	调节能力
木坡	3×15	日调节
杨家湾	3×20	日调节
猛固桥	3×12	无调节

图 8.8 流域概况

联合优化以及利用 5 万千瓦抽蓄机组的新增发电装机容量，可明显提高水资源利用效率。梯级水光蓄联合发电智能控制技术将提升地区电网稳定运行水平，尤其是离网情况下，能够有效利用梯级水光蓄联合运行实现地区电网安全稳定供电。由于地质灾害多发，小金电网可靠供电能力较差，示范工程的实施将提升小金电网的安全可靠供电能力，对地区经济发展意义重大。

四川除小金川河流域外，杂谷脑河、卧罗河、鸭嘴河等流域水、光资源同样非常丰富，已有小水电装机超过 200 万千瓦，光伏装机超过 80 万千瓦。这些地区的小水电与光伏接入场景与示范区的应用条件相似，将项目提出的水光互补联合发电模式及研究成果进行推广，可提升流域内的水光等清洁能源消纳水平，减少弃水弃光电量，提升光伏友好接入能力，提升电网安全稳定水平，具有非常显著的经济效益与社会意义。

该多能互补系统已经开展了示范应用，经 6 个月的实际运行测试，梯级水光蓄联合送出的最大功率波动率每分钟小于 5%，实时调节精度偏差小于 2%，各项性能指标均优于国家及行业标准。通过水光蓄互补电站的联合优化以及利用 5000 千瓦抽蓄机组的新增发电装机容量，可明显提高水资源利用效率，根据 2021 年的实际来水过程测算，可增加水电发电量 828.8 万千瓦·时，发电量增幅约为 2%。

8.9 本章小结

"十三五"期间我国可再生能源取得显著成就，截至 2022 年年底，我国风光

·161·

装机突破 7.5 亿千瓦，可再生能源装机约占全部电力装机的 47.3%，但是也存在规划实施难度加大、补贴资金缺口增加、局部地区限电问题及非电利用未达预期等难题。

"十四五"可再生能源将成为能源消费增量主题，并逐步走向存量替代，水电传统功能定位正在发生改变，水风光一体化是未来的发展方向。一体化开发主要具有九大优势：一是符合电力高质量发展要求；二是提升外送通道利用率；三是统筹有序开发送端新能源资源；四是提高送受端电力电量保障能力；五是电网及网源运行集约化；六是不同电源项目间调度扁平化；七是提升外送价格竞争力；八是鼓励存量电源进一步释放调峰资源；九是提升增量可调节电源投资意愿。

水风光多能互补将成为未来新能电力系统发展的主流模式之一，是提升我国可再生能源消纳水平和非化石能源消费比重的必然选择，本章的典型案例可为水风光多能互补开发与建设提供重要参考。